Easy C++

（第5版）

［日］高桥麻奈 著

张天一 左 川 译

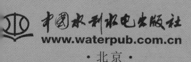

中国水利水电出版社

www.waterpub.com.cn

·北京·

内 容 提 要

《Easy C++（第5版）》一书系统介绍了C++语言从基本语法到面向对象程序设计的所有重要知识点，既涵盖C++程序设计中C++入门的相关知识，也包括C++开发中的一些实用技巧。全书共16章，用通俗易懂的语言，结合大量的插图和中小示例，详细介绍了变量、数据类型、表达式与运算符、条件语句、循环语句、函数、指针、数组、类、文件和流等C++面向对象编程、C++竞赛中必须掌握的知识点，读者可一边学习一边动手实践，即使没有任何编程经验的编程新手也可以通过本书高效地学习C++编程相关知识。

《Easy C++（第5版）》内容丰富、知识点安排由浅入深、循序渐进，特别适合初学者全面学习C++编程相关知识，也适合C++从入门到精通层次的读者通过本书提升编程水平，同时本书也适合作为高校计算机相关专业C++面向对象程序设计的教材或作为C++编程爱好者的自学参考书。

图书在版编目（CIP）数据

Easy C++：第5版 /（日）高桥麻奈著；张天一，

左川译. -- 北京：中国水利水电出版社，2022.1

ISBN 978-7-5170-9889-8

Ⅰ. ①E… Ⅱ. ①高… ②张… ③左… Ⅲ. ①C++语言

—程序设计 Ⅳ. ①TP312.8

中国版本图书馆CIP数据核字（2021）第172076号

北京市版权局著作权合同登记号　图字 01-2021-4266

YASASHII C ++ 5th edition by MANA TAKAHASHI

Copyright © 2017 Mana Takahashi

All Rights Reserved.

Original Japanese edition published by SB Creative Corp.

This Simplified Chinese Language Edition is published by arrangement with SB Creative Corp.
through East West Culture & Media Co., Ltd., Tokyo

版权所有，侵权必究。

书　　名	Easy C++（第5版） Easy C++（DI 5 BAN）
作　　者	[日] 高桥麻奈 著
译　　者	张天一　左川　译
出版发行	中国水利水电出版社 （北京市海淀区玉渊潭南路1号D座 100038） 网址：www.waterpub.com.cn E-mail：zhiboshangshu@163.com 电话：（010）62572966-2205/2266/2201（营销中心）
经　　售	北京科水图书销售中心（零售） 电话：（010）88383994、63202643、68545874 全国各地新华书店和相关出版物销售网点
排　　版	北京智博尚书文化传媒有限公司
印　　刷	北京富博印刷有限公司
规　　格	148mm×210mm　32开本　16印张　609千字
版　　次	2022年1月第1版　2022年1月第1次印刷
印　　数	0001—5000册
定　　价	99.90元

前　言

当下，C++ 在各式各样的程序开发中起着非常重要的作用。使用 C++ 语言可以开发出具有实践性和高级功能的程序。但是，C++ 给人的印象是很难掌握。"C++ 太难了！"，很多人抱有这样的想法。

本书就是特别为有这些烦恼的读者准备的 C++ 语言入门书。即使没有学过编程的人也可以轻松学习。因为本书是从编程的基础开始讲起，所以不需要 C 语言等其他编程语言的知识。此外，**本书还使用了丰富的插图，尽可能将概念图解得简明易懂，让读者理解起来更容易**。

为了加深对知识点的理解，并提高读者的动手能力，**本书设计了大量的示例程序**。读者可一边学习知识点，一边上机实践，快速提高编程水平。

"**提高编程水平的捷径就是实际输入程序，并试着执行。**"请读者记住这句话，一定要将本书中的示例代码全部实际输入一遍，一个一个地执行，一步一步地调试。调试程序与解决问题的过程，其实也是大脑不断思考的过程，这样整本书学下来，相信读者的编程水平一定会有大幅度的提升。

希望本书能为大家带来帮助。

本书资源下载

本书中所介绍的示例程序，可通过下面的方式下载：

（1）扫描右侧的二维码，或在微信公众号中直接搜索"人人都是程序猿"，关注后输入 c9889 并发送到公众号后台，即可获取资源下载链接。

（2）将链接复制到计算机浏览器的地址栏中，按 Enter 键即可下载资源。注意，在手机中不能下载，只能通过计算机浏览器下载。

（3）如果对本书有其他意见或建议，请直接将信息反馈到 2096558364@QQ.com 邮箱，我们将根据您的意见或建议及时做出调整。

本书中提及的公司名、商品名和产品名等，一般都是各公司的商标或注册商标。另外，本书中没有明确标注 TM 和 ® 标记。

互联网上的主页和 URL 等，如有更改，不再另行通知。

C++ 语言开发环境的使用方法

如本书第 1 章所述，C++ 程序的制作顺序是：❶ 编写源代码→ ❷ 执行编译 → ❸ 执行链接→ ❹ 执行程序。在这里通过 Visual Studio 的使用方法来说明程序执行的步骤。关于 ❶~❹ 的详细含义，请参考第 1 章。

 Visual Studio 的使用方法

1. 使用前的设定

Visual Studio 是微软公司开发的集成开发环境。请按照微软公司提供的信息下载和启动。本书采用的是社区版本。Visual Studio 的下载网址为：

https://www.visualstudio.com/ja/downloads/。

本书以 community 2017 版本为例，在下载和变更时，请在安装程序的选择画面中选择"使用 C++ 的桌面开发"并完成安装，如图 1 所示。若使用时间超过 30 天，则需要登录微软账户。

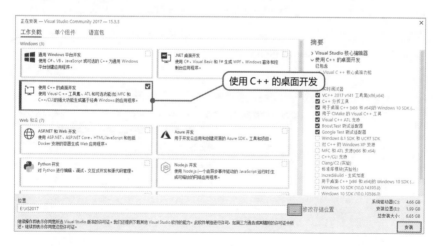

图 1

2. 程序的完成步骤

（1）在菜单中选择"文件"→"新建"→"项目"，打开"新建项目"对话框，请选择"空项目"。在"名称"中输入项目名称，如"Sample1"，在"位置"中选择方便使用的文件夹。在此我们选择 C 盘下"YCCSample"文件夹中的"01"文件夹，如图2所示。

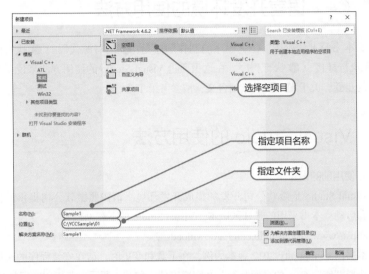

图 2

（2）开始设定。在菜单栏中选择"项目"→"×××（项目名）属性"（也可以没有项目名），打开"×××属性页"（这一步为"Sample1属性页"）。在屏幕左侧选择"配置属性"→"链接器"→"系统"，从右侧的"子系统"列表中选择"控制台（/SUBSYSTEM:CONSOLE）"，如图3所示。

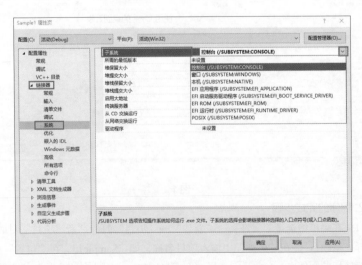

图 3

（3）从菜单中选择"项目"→"添加新项"，打开"添加新项 –Sample1"对话框。选择"C++ 文件"，在"名称"中输入"Sample1.cpp"等形式的文件名。在"位置"中指定保存源文件的文件夹。通常，会自动输入在步骤（1）中指定的"文件夹名 + 解决方案名称 + 项目名"。

如图 4 所示，表示在 C 盘的"YCCSample"文件夹下有"01"文件夹，其中有"Sample1"文件夹，源文件被保存在其中的"Sample1"文件夹中。

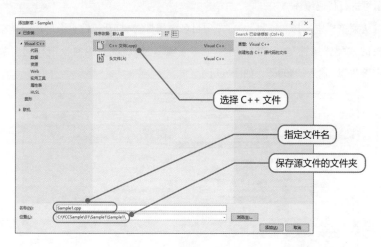

图 4

（4）代码文件创建完成之后，就可以输入源代码了，如图 5 所示。

图 5

（5）输入源代码后，在菜单栏中选择"生成"→"重新生成解决方案"。执行源文件的保存、编译和链接操作。

如果代码的语法出现问题，会导致执行错误，所以要确认输入代码的正确性。所以，在第9章与第15章中使用Visual Studio标准字符串操作函数（strtpy()函数、strcat()函数）进行编译时，会出现安全方面的错误提示。参照下列方法处理错误提示可进行代码编译。

从菜单栏中选择"项目"→"（项目名）属性"。打开属性页面后，选择左侧面板的"配置属性"→"C/C++"→"高级"，然后在右侧面板中找到"禁用特定警告"，输入"4996"，如图6所示。

图6

另外，除标准函数外还可使用安全函数。请注意代码的记述方式可能会有所不同。根据前言下载的配套资源中包含安全函数代码的文件夹。详情请参考本书内容。

（6）在菜单栏中选择"调试"→"开始执行（不调试）"。命令提示符会自动启动，程序开始执行。按任意键可结束程序的执行。如果命令提示符执行后立刻消失了，请确认步骤（2）设定是否有误。

如果需要制作其他程序，请回到步骤（1），重新制作新的项目。也可返回步骤（4），在程序编辑区输入新的代码。但是，返回步骤（4）时，会覆盖已编辑好的代码。

·遇到像第 10 章中需要把文件分开编译的情况时，可返回步骤（3），添加新的项目（C++ 文件夹·头文件）。

·在第 16 章的文件输入 / 输出中，请先进行步骤（5），再由 Windows 的命令提示符运行程序。

① 在 Windows 7 中，单击"开始"→"所有程序"→"附件"，选择"命令提示符"，打开命令提示符窗口。在 Windows 8.1 中的开始页面会显示所有软件，选择软件总表"Windows 系统工具"中的"命令提示符"。在 Windows 10 中右击"开始"按钮，选择"命令提示符"或"Windows PowerShell"。

② 录入"cd　程序制作的文件名"后按 Enter 键并移至程序文件夹内。以"项目名（.exe）"为名的程序通常会生成在"解决方案文件名 + 构成文件名"文件夹中。

例如，按照步骤（1）~（5）的情况，在"C:\YCCSample\01\Sample1\Debug"文件夹中创建了名为"Sample1（.exe）"的程序。这时输入"cd C:\YCCSample\01\Sample1\Debug"。

③ 输入程序名称运行程序。遵照（1）~（5）的步骤输入"Sample1"并按 Enter 键。如果当前为使用 Windows PowerShell 的情况时，请在开头加上"："。

在第 16 章中处理的文件，如果从命令提示符执行的话，就会被输出到程序生成的文件夹中。使用输入文件时也需将其放置在这个文件夹内。另外，如果需要使用命令行参数，请用步骤③来指定。

关于 Visual Studio 和命令提示符的详细使用方法，请阅读帮助文件和相关参考书。

目　录

第 7 章　函　数 156

第 1 章

入门的第一步

本章将介绍使用 C++ 进行编程的基础流程。读者刚接触 C++ 时可能会对陌生的编程语言感到难以理解。但是，如果能掌握本章的关键词，那么对 C++ 的学习一定有更多帮助。接下来，就一步一步开始学习吧。

Check Point

- 程序
- C++
- 计算机语言
- 源文件
- 编译
- 对象文件
- 链接
- 程序的运行

1.1 C++ 的程序

程序的构成

开始阅读本书的读者想必都在考虑使用 C++ 来编写程序。大家每天都在使用计算机安装的文字处理、电子表格软件等相关"程序"。使用类似文字处理这样的"程序"可以完成显示文字、调整格式和印刷等特定的"工作指令"，并将其下达给计算机处理。

计算机是能够将各种"工作指令"进行正确且快速处理的机器。"程序"则是为了向计算机下达各种"工作指令"的工具，如图 1-1 所示。

从本章起将逐步学习如何使用 C++ 编写"程序"。

图 1-1 程序

编写"程序"是为了向计算机下达工作指令。

C++ 编程语言

为了让计算机处理"工作指令"，必须先让计算机理解自己的工作"内容"。为此，必须使用计算机语言（machine code）编写程序。

但令人困扰的是，计算机语言是由 0 和 1 两个数字的排列组合构成的。计算机确实可以很好地理解这些长串罗列的数字（计算机语言），但是对人类而言，这终究是难以理解的内容。

Lesson
1

因此，为了方便人们对于编程语言的理解和操作，人类迄今为止已设计出了几种比计算机语言更接近人类语言的编程语言。编程语言 C++ 便是其中一种。

C++ 是编译器（compiler）翻译而成的计算机语言。通过这个计算机语言编写的程序，可以让计算机着手处理自己的"工作指令"。

那么事不宜迟，马上开始 C++ 学习之旅吧。

1.2 代码的输入

 ## 什么是代码

为了使用 C++ 编写程序，需要进行怎样的操作呢？先来看看最基本的程序编写方法。

在编写程序时，首先需要在文本文件中，遵循 C++ 的语法进行程序的输入。简单的 C++ 程序可以通过以下"文本编辑器"编写而成。

■ Windows 的"记事本"。
■ UNIX 的"vim"。

如图 1-2 所示，这是在文本编辑器中输入 C++ 程序的画面。本书接下来也会像这样在文本编辑器中进行程序的输入。

像这种文本形式的程序则被称为**源代码**（source code）。本书将这些程序简称为**代码**。

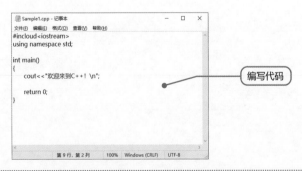

图 1-2 使用 C++ 编写的代码（使用 Windows 记事本功能时）

如编写 C++ 程序，需在文本编辑器中输入代码这一步开始。

尝试使用集成开发环境

另外，为了编写源代码，还可以使用集成开发环境（如 Visual Studio 等）。这些产品都事先具备独立的文本编辑器。本书的开头也讲解了 Visual Studio，有需要可以作为参考。

不使用文字处理软件

"文字处理软件"和文本编辑器的功能有些类似，均可编辑文字的大小和粗细。但是，由于其会自动保存文字大小等格式信息，所以文字处理软件并不适用于保存 C++ 代码。因此，在编写程序时需注意避免使用文字处理软件。

在文本编辑器中输入代码

在文本编辑器中输入 C++ 的代码时要注意以下几点。

■ 输入英文和数字时要选择半角而不是全角。
■ 英文字母的大写和小写会被区分成不同的文字。输入时需注意区分大小写。
　例如，不可以把 main 写成 MAIN。
■ 可以通过空格键或者 Tab 键留出空白。
■ 在一行的最后或者该行空白的情况下需通过 Enter 键进行换行。Enter 键有
　时也被称为执行键、回车键等。
■ 注意区分分号（;）和冒号（:）。
■ 注意区分 {}、[]、()。
■ 注意不要输错 0（零）和 o（英文字母 o）、1（数字）和 I（英文字母 I）。

输入完成后，需要对文件进行命名并且保存。通常在保存 C++ 的源代码时，文件名的后缀需为 .cpp。这个后缀被称为扩展名，即文件名需保存为 "< 自己取的名字 >.cpp"。

此处暂且将文件命名为 "Sample1.cpp" 并保存。

Sample1.cpp 开始学习第一段代码

```
# include <iostream>                          ——— 英文数字要使用半角文字
using namespace std;

                                  ——— 行的最后应按 Enter 键进行换行
int main()
{                                             ——— 本行的最后要加上分号(;)
    cout << " 欢迎来到 C++！ \n";
                          ——— 本行通过 Enter 键进行换行

    return 0;
}                                 ——— 通过空格键留出空白
```

　　这样，入门的第一段 C++ 代码"Sample1.cpp"就写好了。保存该代码的文件被称为**源文件**（source file）。

1.3 程序的编写

了解编译的构成

1.2 节输入的 Sample1 代码其实是一个用于实现在计算机画面中显示"欢迎来到 C++！"这段文字的处理程序。看着这个第一次输入的代码，是不是很想赶紧运行一下呢？但心急吃不了热豆腐。目前仅进行到保存源文件这一步，还不能立刻运行该段程序。为了让计算机直接理解并处理该段通过 C++ 编写的代码内容，需要将其转换成计算机语言的代码。

将 C++ 语言转换成计算机语言的这项操作被称为**编译**（compile），如图 1-3 所示。同时，进行这项操作时会用到名为**编译器**（compiler）的软件。

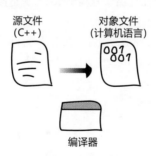

源文件
(C++)

对象文件
(计算机语言)

编译器

图 1-3　编译
编译是将源代码翻译成计算机语言的一项操作。

运行编译器

编译的运行方式会根据使用的 C++ 开发环境的不同而有所差别。具体的编译方法可以阅读开发环境的说明书。

进行编译后，保存源代码的文件夹（文件目录）中通常会另外生成一个已编译成计算机语言的文件。这个文件被称为**对象文件**（object file）。

如果出现错误该怎么办？

在准备进行编译时，有时会遇到画面中显示运行错误并且无法生成对象文件的情况。这时，需要重新检查一遍输入的代码，确认是否存在错误，找到错误点后对其进行修改。再一次保存源文件后，重新运行一次看看是否编译成功。

C++ 和英语或者日语一样，也有自己的语法规则。如果输入了不符合该语法的代码，编译器就无法正确理解。换句话说，也就是编译器无法将这个源代码编译成计算机语言。在这种情况下，编译器就会显示出现错误，并作出修改语法以及存在其他错误的提示。

对象文件的链接

C++ 的编译结束后，需要将多个对象文件连接并组成一个程序。

在 C++ 中，需要将生成的对象文件与和其他程序共通的对象文件连接起来，从而形成一个可以实际运行的程序。这项操作被称为**链接**（link），如图 1-4 所示。执行这项操作的软件被称为**链接器**（linker）。

关于本书介绍到的开发环境，则可以在编译后自动将需要的文件进行链接合并处理。至于链接，则会在第 10 章中更详细地介绍。

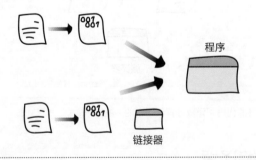

程序

链接器

图 1-4　链接

链接是将对象文件进行连接处理，使其相互关联并形成一个程序的操作。

1.4 程序的运行

运行程序

现在，赶紧试着运行一下编写好的程序吧。如果使用的是 Windows 系统，写好的程序会被命名成 "Sample1.exe"。在 Windows 上运行程序的方法想必读者已经在前面的章节有所了解了，只要把鼠标指针放在代表程序的图标上双击即可。但是，使用 C++ 语言编写的简单程序需要在 Windows 的附属环境 "命令提示符"（又称 Windows PowerShell）中运行。这类工具具有在画面中显示文字、通过键盘输入文字等功能。

通过命令提示符运行程序时，需要在生成程序的文件夹中输入程序名后再运行。

Sample1 的执行画面

```
C:\YCCSample\01>Sample1
```

命令提示符是通过输入程序
名来运行程序的

但是需要注意的是，程序的运行方法也会根据使用的开发环境不同而有所不同，所以一定要按照各开发环境的说明书中的方法运行程序。程序执行后，画面上便会显示文字，如图 1–5 所示。

图 1-5　程序的运行

　　运行程序后，画面中就会显示出"欢迎来到 C++！"的文字。

　　最后，一起来整理一下本章中学习的程序编写以及运行的流程。本书第 2 章以后的样本代码也会通过这样的流程输入与运行。可以说这些基础流程才是编程之本，为了以后的编程可以顺利进行，一定要牢记。

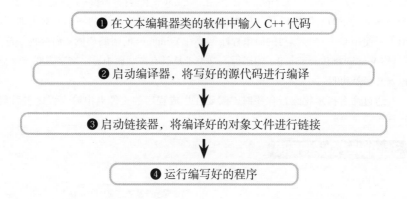

1.5　章节总结

通过本章，读者学习了以下内容。

- 程序会下达特定的工作指令给计算机。
- C++ 代码需要输入文本编辑器等相关软件中。
- 输入 C++ 代码时需要对英文字母的大写和小写进行区分。
- 编译源文件后，会生成对象文件。
- 将对象文件进行链接处理后，将得到可运行的程序。
- 运行程序后，计算机会执行交给自己的工作指令。

本章介绍了 C++ 代码的输入、程序的编写流程，以及如何运行程序。然而，本章并没有实际讲解 C++ 代码的详细内容。事不宜迟，第 2 章将开始详细讲解 C++ 代码的内容。

练习

请选择〇或 × 来回答以下题目。

① C++ 的源代码可以不用编译直接执行。

②输入 C++ 代码时要区分英文字母的大小写。

③输入 C++ 代码时不用区分半角英文字母和全角英文字母。

④源代码中的空白一定要按空格键才能生成。

⑤ C++ 的源代码即使出现了语法错误，也基本可以正常编译。

C++ 的基础知识

在第 1 章中，读者已经学习了如何通过输入 C++ 代码并使用编译器去编写程序的内容。那么接下来就要思考，应该输入什么样的代码才好呢？为了编写代码并完成程序，首先必须要了解 C++ 的语法规则。接下来，开始一起学习 C++ 的基础语法规则。

Check Point

- 显示到屏幕
- main() 函数
- 程序块
- 注释
- 预处理器
- 指令
- 常量
- 转义序列

2.1 输入代码并显示

 ## 输入新代码

第1章中已经创建了一个在屏幕上显示一行字符的程序。本章将会讲解更多程序编写方式。

试着在编辑器中输入以下代码并保存。

Sample1.cpp 在屏幕上显示字符串

```
// 在屏幕上显示字符串的代码
#include <iostream>
using namespace std;

int main()
{
    cout << " 欢迎来到 C++！ \n";
    cout << " 开始 C++ 的学习吧！ \n";

    return 0;
}
```

请检查输入的 ; 和 {} 的位置是否正确。输入完成后按照第1章所叙述的方法，进行编译（链接）并运行。运行后屏幕上将会显示如下两行文字。

Sample1 的执行画面

```
欢迎来到 C++！
开始 C++ 的学习吧！
```

显示到屏幕

Sample1.cpp 如第 1 章所述，是作用于在屏幕上显示字符的 C++ 代码。在编程世界中，使字符显示到屏幕上被称为**显示到屏幕**。

因此，本章先介绍如何在屏幕上显示字符串和数字等代码。接下来，尝试输入以下代码。

显示到屏幕

```
#include <iostream>
using namespace std;

int main()
{
    cout << 想要显示的字符串或数值;

    return 0;
}
```

在 << 后输入要显示的
字符串或数值

该代码是在屏幕上显示字符串或数值代码的基本形式。下划线部分相当于计算机需要显示到屏幕的内容。换句话说，在下划线部分中输入的任何字符串或数字，都将被显示在屏幕上。

可能会有一部分人抱有"这个代码好复杂啊……"之类的想法。但在现阶段重要的是，首先应当去适应 C ++ 代码的结构与形式。例如，如需在屏幕上显示字符，请记住以上代码形式。

使用该代码作为后续创建的样本代码。具体如何编写字符串和数字会在 2.3 节中详细学习。在本节中，对代码的结构与形式有一个大致印象即可。

了解各种输出方法

现在，为了便于读者更加熟悉显示在屏幕上的输出方式，本节将进一步详细分析关于字符串显示到屏幕的代码。

在前文的代码中，请注意在显示字符串的内容前出现的词语 cout。cout 被称为"标准输出（standard output）"，是计算机的设备在进行连接处理时的专有名词。

"标准输出"这个词可能感觉略微有点陌生，但其代表的意思并不复杂。"标准输出"是指"现在使用中的计算机屏幕画面"。"<<"是指输出在屏幕上的字符串（相当于显示）。换句话说，以 cout << ... 开始的一行代码对计算机下达以下指令：**将指定的字符串显示到"屏幕"**。

另外，也可以使用 << 符号将字符串或数值持续显示到屏幕。

请尝试输入以下代码并进行实践。

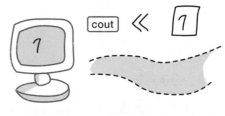

Sample2.cpp　使用 \n

```
# include <iostream>
using namespace std;

int main()
{
    cout << 1 << 2 << 3 << '\n' << 4 << 5 << '\n';

    return 0;
}
```

通常会连续显示

'\n' 可以使内容进行换行

Sample2 的执行画面

```
123
45
```

运行 Sample2 的程序，查看是否显示了两行内容。

上述代码通过使用 << 符号使数值可以连续显示在屏幕上。注意插入在 '\n' 之后的内容，在显示到屏幕时会自动进行换行处理。这个 '\n' 符号被叫作**换行符**。cout 和 << 的其他知识点将在第 16 章详细介绍。

重要

使用 \n 进行换行。

标准输出和屏幕画面

　　通常，"标准输出"是指"显示屏画面"。但是，根据操作系统的不同功能，也可以将标准输出设置成其他设备，如将标准输出切换至打印机。这种操作系统功能被称为重定向。

2.2 代码的内容

追寻代码的流程

接下来继续学习 2.1 节中 Sample1.cpp 的更详细的知识点。首先仔细观察 Sample1.cpp 中的代码。这个代码为计算机下达怎样的运行指令呢？

Sample1.cpp 的内容

```
// 在屏幕上显示字符  ← 注释
#include <iostream>
using namespace std;      ← 使用 cout 前必须输入的代码

int main()  ← main() 函数的开头部分
{
    cout <<" 欢迎来到 C++！ \n "  ← 最初运行的代码
    cout <<" 开始 C++ 的学习吧！ \n";  ← 其次运行的代码

    return 0;  ← main() 函数的结束部分
}
```

main() 函数

首先需要了解该代码的命令是从哪里开始到哪里结束。来看看以下代码。

```
int main()
```

通常，C ++ 程序都应该从描述 main() 的部分开始运行处理。接下来，请看位于 Sample1 的倒数第二行代码。

```
return 0;
```

处理完此部分后，程序结束。

用大括号 {} 括起来的部分被称为**程序块**（block）。该程序块是程序的重要主体部分，并且被称为 main() **函数**（main function）。在第 7 章中将详细解释"函数"一词的含义，因此请先记住它。

```
int main()
{
    ...
    Return 0;
}
```

main() 函数。即程序主体

重要

main() 函数是程序的主体。

按照顺序处理语句

现在来看一下 main() 函数括号中的内容。在 C ++ 中，一个小操作（"工作指令"）的单位被称为**语句**，并且必须在末尾添加 ";"。原则上，从上往下按顺序处理，一次处理一个语句。换句话说，运行该程序时，main() 函数中的两个"语句"。

会按照图 2-1 所示的顺序进行处理。

```
cout << " 欢迎来到 C++ !  \n";
```
最初运行的代码

```
cout << " 开始 C++ 的学习吧！  \n";
```
其次运行的代码

之前介绍过 cout << 语句是使屏幕上显示字符串的代码。因此，运行了该语句后，屏幕上将会出现两行字符串。

重要

在语句的最后需要加上分号（;）。
原则上，应从上到下按顺序处理语句。

```
...
int main()                  ...........................................
{
    cout << "欢迎来到C++！ \n";
    cout << "开始C++的学习吧！ \n";

    return 0;
}                           ...........................................
```

图 2-1 程序的处理

运行程序时，原则上按照从上到下的顺序逐一处理语句。

使代码更加简单明了

Sample1 的 main() 函数中使用了分成数行的形式来编写。该现象在 C++ 代码中可以理解为，允许在语句或程序块之间进行换行。

因此，在 Sample1 的代码中，main() 函数分为多行编写，这样可以使代码更易于阅读。

同样，在 C++ 中只要不是具有关联含义的单词，都可以自由地空格或换行。

也就是说，以下代码

```
int m ain()
```

为错误的空格方式。

```
int main(){
    cout<<
```

为正确的添加空格或者换行的方式。

在 Sample1 中，为了使程序块部分更加容易理解，在 "{" 部分进行了换行，并且在程序块各个行的开头都留有空格。但是注意不可在输出字符串中间插入换行符。

代码开头留有空格的形式被称为缩进（indent），想要缩进可在行首使用空格键或 Tab 键输入。

从此处开始，读者将逐渐接触和编写越来越复杂的代码，充分利用缩进可以让编写的代码更加清晰明了且容易阅读，如图 2-2 所示。

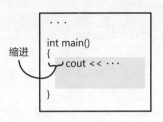

图 2-2　缩进

程序块内使用缩进可使代码利于阅读。

为了使代码利于阅读，请充分利用缩进或换行。

在大致理解 main() 函数，即程序的主体的相关知识后，下一步就来学习程序主体以外的代码。首先，查看在 main() 函数的前面显示的带有 // 符号的行。

实际上，C++ 编译器具有忽略从 // 符号开始到行尾的所有内容的功能。因此，在 // 符号之后，所输入的任何与程序没有直接关系的语言被称为注释 (comment)。通常，添加注释的方法会使代码的内容更加便于理解。

在 Sample1 中，注释被写在代码的开头，如下所示。

// 在屏幕上显示字符的代码 ｜ 该部分会被计算机忽略

除了 C++，还有很多其他编程语言对于人类而言都是不容易阅读的。通过添加注释，可以编写出便于理解和阅读的代码。

添加注释使代码一目了然。

用另一种方式添加注释

添加注释时，除了使用 // 符号外，还可以使用 /* * / 符号进行添加。

```
/ * 屏幕上的文字
   输出代码 * /
```
注释可以分为多行

使用 / * * / 符号时，被包含的所有内容均为注释。因此，如果使用 / * * / 符号，将可以进行多行注释。

但是，Sample1 中使用的 // 符号，因为是忽略从注释符号到行尾的所有内容，所以不能换行后继续添加注释。

在 C ++ 中，可以根据实际需要，选择任意格式的注释进行使用。

读取文件

最后，查看代码的开头行。

```
#include <iostream>
```

以 # 开始的行表示编译前先读取以 # 开始的 iostream，该代码具有在屏幕上进行显示的功能。

iostream 是指对显示到屏幕的功能等进行定义的文件。读取该文件的工作，被称作**插入**（include），如图 2-3 所示。

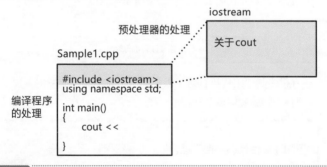

图 2-3 **读取**

读取其他的文件内容被称为 include。

在编写需要在屏幕上显示内容的程序时，必须插入 iostream 语句。如果不先读取 iostream 语句，显示在屏幕上的 cout 功能将不能正常工作。

使 iostream 发挥作用的文件是根据 C++ 的开发环境标准配备的，所以不需要自行准备。与 iostream 一样，必须预先读取的文件被称为**头文件**（header file）。此外，带有 # 的行通过编译器中的**预处理**（preprocessor）这一特殊部分，在翻译其他代码之前被先行读取。其末尾不需要添加分号，写作一行即可。

请再看以下代码。

```
using namespace std;
```

原本 cout 的正式记述为 std:: cout。但是，多次输入完整名称是一件很烦琐的工作。因此，只要在代码的开头使用了"using namespace std;"语句，即可轻松地使用 cout 来完成工作指令。

读取其他文件内容被称为 include。
需要在屏幕上显示内容时，必须先插入 iostream。

2.3 文字和数值

常量是什么

2.2 节介绍了在画面上输出字符串的简单代码。在本节中，将利用目前为止所学习的知识，了解 C++ 中文字、数值、字符串的编写方法。

首先，请尝试输入以下代码。

Sample3.cpp 输出各种值

```cpp
# include <iostream>
using namespace std;

int main()
{
    cout <<'A'<< "\n ";          输出文字
    cout <<" 欢迎来到 C++！ \n ";   输出字符串
    cout << 123 << '\n';          输出数值

    return 0;
}
```

Sample3 的执行画面

```
A
欢迎来到 C++！
123
```

Sample3 显示了各种各样的文字和数值。在这些代码中的 'A'、" 欢迎来到

C++ !" 和 123 之类的特定字符或数值的标记在 C++ 中被称作**常量**（literal）。

常量可以理解为是 C++ 中用于表示一定的"值"的专有名词。

常量被分为 4 个类型，如下所示。后续章节中将对其进行逐一介绍。

■ 字符常量。
■ 字符串常量。
■ 数值常量。
■ 逻辑常量（第 5 章中将会说明）。

各种各样的令牌

　　如同日语、英语等人类语言是由单词的组合构成一样，C++ 语言也是由单词组合构成的。常量就是 C++ 中的众多计算机单词之一。

　　"单词"即指"具有特定意思的文字（或其组合）"，在 C++ 中被称为**令牌**（token）。令牌根据其作用，可以分为以下几种类型。

■ 常量。
■ 关键字。
■ 标识符。
■ 运算符。
■ 浮点（如逗号等）。

　　其中常量部分在本章详述。关键字和标识符的相关知识在第 3 章详述，运算符在第 4 章详述。

字符常量

在 C++ 中字符常量包括如下。

■ 单个字符。
■ 字符的排列（字符串）。

单个字符被称为**字符常量**（character literal），如下所示。

```
'H'
'e'
```

字符常量是指需要用单引号''引起来的字符。在 Sample3 中，'A' 相当于被引住的"字符"，如图 2-4 所示。通过查看 Sample3 的运行结果，可以知道显示出的结果中不会出现''。因此，请注意被显示的内容没有出现''才是正确现象。

用''引起来记载单个字符。

图 2-4　字符

表示字符时用''引起来。

 转义序列

有些特殊字符不能从键盘上直接输入。因此，在输入此类字符时，应当在开头加上 \（反斜线）后，使其变成两个字符的组合，即"1 个字符组"，该字符组被称为转义序列（escape sequence）。转义序列具体见表 2-1。

表 2-1　转义序列

转义序列	含　义
\a	报警（响铃）符
\b	退格符
\f	换页符
\n	换行符
\r	回车符
\t	横向制表符
\v	纵向制表符
\\	\ 反斜线
\'	' 单引号
\"	" 双引号
\?	? 问号

续表

转义序列	含 义
\ooo	表示八进制的字符编码的字符 (o 是 0~7 的数字)
\xhh	表示十六进制的字符编码的字符 (h 是 0~9 的数字和 A~F 的英文字母)

另外需要注意的是，根据不同的使用环境，有时 \ 会显示为 ¥。

接下来尝试使用转义序列来编写需要输出在屏幕上的代码。请输入以下代码。

Sample4.cpp 输出特殊的字符

```
# include <iostream>

using namespace std;
int main()
{
    cout <<" 显示人民币的符号: "<<'\¥'<<'\n';
    cout <<" 显示单引号: "<<'\'' << '\n';

    return 0;
}
```

使用转义序列

Sample4 的执行画面

显示人民币的符号 :¥
显示单引号 :'

由上述运行结果得知，记载 "\\" 和 "\'" 的部分会被显示为 "\" 和 """，如图 2-5 所示。

使用转义序列可以显示出特殊字符。

图 2-5 转义序列

需要显示特殊字符时，可以使用转义序列。

字符编码

实际上，在计算机内部也是以数值的形式来处理文字，即在内部建立一个存储着与各种文字形态字符一一对应的数值转换列表，这些数值就被称为字符编码（character code）。虽然字符编码的种类有很多，但是本书只列举最具有代表性的两个，分别为 Shift_JIS 编码和 Unicode 编码。使用哪种字符编码取决于所使用的环境。

使用转义序列输出"\ooo"或"\xhh"（表 2-1）时，输出指定的字符编码会显示对应的文字。接下来尝试运行以下代码。

Sample5.cpp 使用字符编码

```
# include <iostream>
using namespace std;

int main()
{
    cout <<" 八进制中字符编码为 101 代表的字符是 "<<'\101'<<"。\n";
    cout <<" 十六进制中字符编码为 61 代表的字符是 "<<'\x61'<<"。\n";

    return 0;
}
```

> 设定字符编码

用 Shift_JIS 编码处理后，会显示如下结果。

Sample5 的执行画面（Shift JIS 代码）

八进制中字符编码为 101 代表的字符是 A。
十六进制中字符编码为 61 代表的字符是 a。

在 Shift JIS 编码中，八进制的数值"101"对应大写英文字母 A，十六进制的数值"61"对应小写英文字母 a。因此，上述代码运行后会显示"A"和"a"。请注意，该程序在使用不同种类的字符编码的情况下，会显示与上述结果不同的结果，如图 2-6 所示。另外，关于八进制和十六进制的其他知识点，将在本节的最后进行说明。

指定字符编码可以显示出文字。

图 2-6　字符编码

设定字符编码可以显示出指定文字。

字符串常量

相对于单个字符，复数字符的排列被称为**字符串常量**（string literal）。在 C++ 中，字符串与字符不同，使用双引号 " "，而不是单引号 ' ' 来描述。例如，字符串形式如下所示。

```
"Hello"
"Goodbye"
```

显示到屏幕的字符串，头尾并不会显示 " "，如图 2-7 所示。

关于字符串，将在第 9 章详述。

"Hello"　◀━━字符串

图 2-7　字符串

表示字符串时，使用 " " 将需要显示的内容引起来。

使用 " " 将字符串需要显示的内容引起来。
字符和字符串的处理是不同的。

数值常量

在 C++ 代码中，也可以标记数值。数值有以下两种分类。

■ 整数常量（integer literal）：1、3、100 等。
■ 浮点常量（floating literal）：2.1、3.14、5.0 等。

请注意，数值常量不需要用 " " 或 ' ' 来表示。在整数常量中，除了一般的数值写法以外，还有很多种其他写法。

例如，也可以用八进制、十六进制来书写数值。

■ 八进制：数值的开头加 0。
■ 十六进制：数值的开头加 0x。

也就是说，在 C++ 中，可以用以下方法书写数值。

```
10 ●━━━━┓  十进制的"10"表示10
010 ●━━━┓  八进制的"10"表示8
0x10 ●━┓  十六进制的"10"表示16
oxf ●━━┛  十六进制的"F"表示15
```

接下来请尝试用各种标记方法来书写数值。

Sample6.cpp　十进制数值以外的表示方法

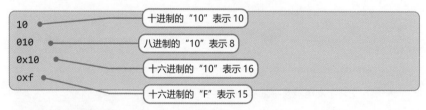

```cpp
# include <iostream>
using namespace std;

int main()
{                              使用十进制数值以外的表示方法
    cout <<" 十进制的 10 是 "<< 10 <<"。\n";
    cout <<" 八进制的 10 是 "<< 010 <<"。\n";
    cout <<" 十六进制的 10 是 "<< 0x10 <<"。\n";
    cout <<" 十六进制的 F 是 "<< 0xF <<"。\n";
```

```
    return 0
}
```

Sample6 的执行画面

十进制的 10 是 10。
八进制的 10 是 8。
十六进制的 10 是 16。
十六进制的 F 是 15。

由上述代码可见，数值并不在 " " 中。即使使用了各种数值书写法，结果也是按照十进制数值显示，如图 2-8 所示。

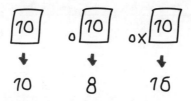

图 2-8　十进制以外的表示方法

除十进制外，也可以用八进制或十六进制来表示整数。

二进制、八进制、十六进制

在平时生活中，一般使用 0~9 来表示数字，这种书写方法叫作 "十进制"。但是，计算机内部是使用 "二进制" 的方式来表示数字，即仅使用 0 和 1。

在十进制中，0, 1, 2, 3…数值以形式表示出来。但是在二进制中相同含义的数值会使用 0, 1, 10, 11…来表示。因为十进制使用的数字是 0 ~ 9，9 之后以增加位数的方式进行计数。二进制则因为只使用 0 和 1，所以 1 之后将通过增加位数进行计数。

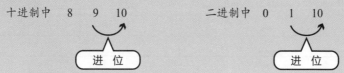

因此，用二进制书写的数值往往需要很多位数。例如，用二进制表示十进制中的20，结果将是10100。由此可见，使用二进制会形成很多位数的数字。

因此，可以使用容易与二进制进行转换的八进制、十六进制和十进制相结合的方式来表示数值。八进制使用0~7的数字，十六进制使用0~9的数字和A~F的字母。表2-2是十进制的数字使用二进制、八进制、十六进制书写时的对照表。请注意，在各组进制中的哪一个部分会出现进位。

表2-2　进制对照表

十进制	二进制	八进制	十六进制
0	0	0	0
1	1	1	1
2	10	2	2
3	11	3	3
4	100	4	4
5	101	5	5
6	110	6	6
7	111	7	7
8	1000	10	8
9	1001	11	9
10	1010	12	A
11	1011	13	B
12	1100	14	C
13	1101	15	D
14	1110	16	E
15	1111	17	F
16	10000	20	10
17	10001	21	11
18	10010	22	12
19	10011	23	13
20	10100	24	14

2.4 章节总结

通过本章读者学习了以下内容。

- main() 函数是 C++ 程序的主体。
- 语句是代码处理中的小单位。
- 块是代码处理中的大单位。
- 注释是在代码中添加备注。
- 预处理器在编译器处理之前会进行准备工作。
- 常量指文字、字符串、数值等。
- 字符常量用 '' 引起来表示。
- 特殊的字符用转义序列来表示。
- 字符串常量用 "" 表示。
- 整数常量可以用八进制或十六进制来表示。

使用目前为止所学习的内容，可以编写出可在屏幕上显示一定文字和数值的代码。但是，仅凭这些知识，还无法编写出富有变化的程序。在第 3 章中，读者将使用"变量"这个功能，去学习编写更加灵活的程序。

练习

1. 以下代码有错吗？如果有错，请改正。

```
# include < iostream >
using namespace std;int main () {cout<<" 你好 \n";
cout<<" 再见 \n";return 0;}
```

2. 请在以下代码的适当部分添加"分开显示 123 和 45"的注释。

```
# include < iostream >
using namespace std;

int main ()
{
    cout <<1<<2 <<3<<'\n'<<4<<5<<'\n';

    return  0;
}
```

3. 请使用字符和数值等来编写如下在屏幕上显示的代码。

```
123
收了 ¥100
明天见
```

4. 请分别使用八进制和十六进制来编写如下在屏幕上显示的代码。

```
6
20
13
```

第 3 章

变 量

　　在第 2 章中，读者已经学习了如何将文字和数值显示到屏幕的方法。因此，文字和数值对于刚开始接触编程的读者来说，已经没有最开始那样的违和感了。接下来在本章中，读者将开始学习 C++ 典型的程序设计功能。先从最基本的"变量"开始了解。

Check Point

- 变量
- 修饰符
- 类型
- 声明
- 赋值
- 初期化
- const
- 定数

3.1 变量简介

了解变量如何工作

执行程序时，程序使计算机在存储数据的同时处理数据。**以将用户输入的数值显示到屏幕上这样简单的程序为例来进行下列思考。**比如人类在书店等商店里，可以做到先把商品的价格（数值）记忆下来，然后再把价格记录在纸上。

相应地，计算机也可以先将数值"存储"在某个地方，然后再显示到屏幕上。这种存储数值的功能被称为变量（variable）。

计算机内部存在着便于存储各种值的装置，该装置被称为内存（memory）。"变量"即是利用内存空间去存储值的形式。

为了让读者对变量有个更准确的印象，请看图3-1。将图中的盒子想象成变量，在使用变量时，将值放入被称为变量的盒子中。这样放入内存中的特定的值就会被计算机记住。

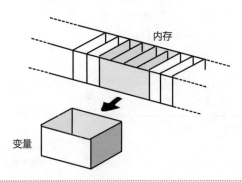

图 3-1 变量
变量可以存储各种各样的值。

3.2　修饰符

修饰符是变量的"名称"

要想在代码中使用变量，首先必须要完成以下两项条件：

❶ 给变量加上"名称"。
❷ 指定变量的"类型"。

首先，我们来说明 ❶ 的意思。

为了使用变量，必须为变量预先设定特定的"名称"。此时变量的名称可以任意决定。例如，可以使用"num"这样的字母组合作为变量的名称。作为变量名称的文字或者数字组合（令牌，参照第 2 章）被称为**修饰符**（identifier），如图 3–2 所示。本例中的 num 就是修饰符之一。

但是，修饰符必须遵从以下规则。

■ 使用英文字母、数字、下划线（＿）中的任意一个。不能包含特殊符号。
■ 字符长度没有限制。但是，根据使用环境的不同，存在最高长度为 31 个字符的情况。
■ 不能使用 C++ 已存在的"关键字"。如作为程序主要关键字的 return。
■ 不能用数字作为开头。
■ 必须区分大写英文字母和小写英文字母。

图 3–2　为变量命名
　　　　使用修饰符命名变量。

下面这些修饰符是可以作为变量的名称来使用的。

```
a
abc
ab_c
F1
```

下面这些名称作为修饰符并不正确，不可以作为变量的名称使用。

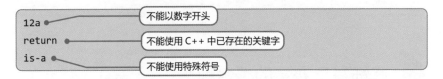

在符合修饰符规则的情况下，变量的名称可以任意决定。但是最好根据变量代表的具体的值，为其命名一个明确且易懂的名称。

使用修饰符命名变量时，最好取一个易懂的名称。

3.3 变量的类型

 变量的类型

本节开始学习变量的"类型"。变量可以存储各种各样的值，而值拥有数个"种类"。值的种类被称为数据类型（data type）或类型。具体类型请参照表3-1。

表3-1　C++中的基本变量类型

种 类	名 称	占用字节数	可存储值的范围列举
逻辑型	bool	1 字节	true 或 false
文本型	char	1 字节	1 个英文字母或数字（–128~127）
	unsigned char	1 字节	1 个英文字母或数字（无符号位）（0~255）
整型	short int	2 字节	整数（–32768 ~ 32767）
	unsigned short int	2 字节	整数（无符号位）（0~ 65535）
	int	4 字节	整数（–2147483648~2147483647）
	unsigned int	4 字节	整数（无符号位）（0~4294967295）
	long int	4 字节	长整数（–2147483648~2147483647）
	unsigned long int	4 字节	长整数（无符号位）（0~4294967295）
浮点型	float	4 字节	单精度浮点数（3.4E–38~3.4E+38）
	double	8 字节	双精度浮点数（1.7E–308~1.7E+308）
	long double	8 字节	扩展倍精度浮点数（1.7E–308~1.7E+308）

要想使用变量，首先必须设定需存储的值属于哪一种类型。

例如，如图3–3所示，表示该变量存储了 short int 型的值。在使用该变量进行存储时，可以在 –32768~32767 的范围内指定任意整数。

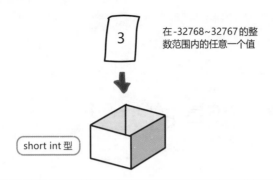

在 -32768～32767 的整数范围内的任意一个值

short int 型

图 3-3 类型
要想使用变量，需要指定其类型。

在 short int 型的变量中，不能存储含有小数点的数值，比如"3.14"等。如需存储含有小数点的数值时，必须使用能够显示小数点位数的 double 型变量。

另外，请看表 3-1。"占用字节数"这一栏的意思为"在内存中存储值时需要占用多少内存"。一般来说，占用字节越多，能表示的值的范围越广。例如，double 型的值需要比 int 型的值更多的存储空间，所以能够存储数字的范围自然也变大了。

另外，C++ 的基本变量类型占用的字节数可能会根据环境的不同而有所不同。请参考表 3-1 所列的"占用字节数"和"可存储值的范围列举"内容。详细信息，请参照使用的开发环境指南。

比特和字节

类型的大小和值的范围有很深的关系。正如第 2 章中提到的，计算机语言使用的是 0 和 1 表示的二进制数值。二进制值的"1 位数"被称为比特（bit）。也就是说，如下数值的 1 位数相当于 1 比特。

`0010111010` ————— 1 比特

比特表示二进制中的 1 位数，即"0"或"1"其中的任意一位值。

另外，二进制中 8 位数的数值被称作字节（byte）。也就是说，1 字节相当于 8 比特。1 字节有 256（2^8）个可能的值。

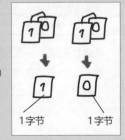

1字节　　　　1字节

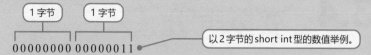

那么，表3-1中所谓"2字节的 short int 型值"是指计算机中如下的16位二进制数值。

对其进行十进制计算，该二进制的16位数可以有65536（2^{16}）个值。

这65536种值与平时使用的十进制数值中的 –32768~32767 范围内的值相应用，见表3-2。

表3-2 short int 型的示例

计算机内部（二进制）	表示的数值（十进制）	
0000000000000000	0	对应正整数
0000000000000001	1	
0000000000000010	2	
…	…	
0111111111111111	32767	
1000000000000000	–32768	对应负整数
1000000000000001	–32767	
…	…	
1111111111111111	–1	

请注意，开头第1位的1比特数值表示了数值的正负。正数开头为0，负数为1。

同样2个字节的形式，如果对应类型不同，也可以表示不同的值。例如，请看 unsigned short int 型的2个字节，是表示65536种的正数（0~65535）类型，见表3-3。

表3-3 unsigned short int 型的示例

计算机内部（二进制）	表示的数值（十进制）	
0000000000000000	0	对应正整数
0000000000000001	1	
0000000000000010	2	
…	…	
1111111111111111	65535	

该类型数值开头的1比特无论是0还是1，表示的数值都为正数。

3.4 变量声明

如何声明变量

当变量的名称和类型决定好之后，马上试试在代码中使用变量。首先，需要进行"准备变量"的处理。这项工作被称为变量声明（declaration）。变量声明如下所示。

变量声明

类型 修饰符 ;}

此处，先设定了 3.2 节和 3.3 节中说明的"类型"和"修饰符（这里是变量名）"。变量声明的构成是由一个语句来执行，并在句末加上分号（;）。实际的变量声明代码如下所示。

```
int num;            ❶int 型的变量 num
char c;             ❷char 型的变量 c
double db, dd;      ❸double 型的两个变量 db 和 dd
```

❶ 是 int 型变量 num 的声明语句；❷ 是 char 型变量 c 的声明语句；❸ 是将 double 型的变量 db 和 dd 合并在一起的声明语句，这样，变量可以用逗号（,）来分隔，从而在一个句子中进行声明。

对变量进行了声明后，就可以在代码中使用该变量的名称了，如图 3-4 所示。

变量需要先设定其类型和名称之后再进行声明。

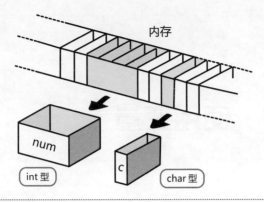

内存

int 型　num

c　char 型

图 3-4　变量的声明

　　声明变量之后，变量进入可以使用的状态。

仔细了解变量的声明

　　严格来说，准备变量的"声明"是指以下两个处理。

❶ 通知编译器变量的名称和类型。

❷ 为变量准备好内存空间。

　　其中特别说明 ❷ 的作用，❷ 也被称为"变量的定义"。因为这里所介绍的变量的声明是需要同时进行 ❶ 和 ❷，声明也可以理解为"包含『定义』的声明"。

3.5 使用变量

对变量进行赋值

在声明变量的同时，可以让变量存储特定的值。这一行为被称为赋值（assignment）。

如图 3-5 所示，"赋值"是将特定的值放入（存储、记忆）所准备的变量中。

参照如下代码，使用 = 来进行赋值描述。

```
num = 3;
```

现在可能会感觉上述等号的表达方式有点奇怪，但是这样书写确实可以使变量 num 存储的值为 3。这个等号具有的作用就是赋值。

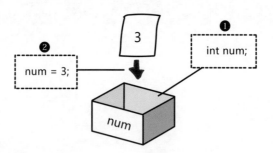

图 3-5　变量的赋值

❶ 声明变量 num。

❷ 将变量 num 赋值为 3。

赋值的代码格式如下所示。

语法

赋值变量

> 变量名称 = 表达式 ;

"表达式"将在第 4 章中详细学习。这里将 3 或者 5 这样的数值当作是特定的 "值"来考虑会更利于理解代码。

接下来请在实际的程序中试着使用变量，代码如下所示。

Sample1.cpp　使用变量

```cpp
# include <iostream>
using namespace std;

int main ()
{
    int num;                           ❶ 对变量 num 进行声明

    num = 3;                           ❷ 将变量 num 赋值为 3

    cout <<" 变量 num 的值是 "<<num <<"。\n ";
                                       ❸ 输出变量 num 的值
    return 0;
}
```

Sample1 的执行画面

变量 num 的值是 3。　　　　　显示了变量 num 的值

在这个代码中，首先，在 ❶ 的部分声明了 int 型的变量 num。然后，在 ❷ 的 部分将变量 num 赋值为 3。

"="这个符号可能会被理解为数学公式中使用的"●和○相等"的意思。需 要注意的是，其实"="是表示"对 ××× 进行赋值"的意思。

重要

变量中，使用 = 可以进行赋值。

输出变量的值

最后，请看 ❸ 的部分，这里的执行结果输出了变量 num 的值。如需输出变量的值，不可以使用 '' 和 " " 这样的引号来描述变量名。如果使用，在执行程序时，实际输出的会是

```
num
```

即是变量名而不是保存在变量 num 中的值，如图 3-6 所示。

```
3
```

这样编写代码可显示出变量中存储的值。

图 3-6 输出变量
输出变量，即显示变量中存储的值。

 初始化变量

在 Sample1 中，

```
int num;         ●────── 声明变量
num= 3;          ●────── 在该语句中赋值
```

在上述两行代码中，是在声明变量之后的下一句中对变量进行赋值。其实，在 C++ 中，也可以**在声明变量的同时**，对变量进行赋值。这样的处理叫作初始化变量（initialization）。初始化变量的代码如下所示。

```
int num =3;      ●────── 将变量的值初始化成 3
```

语法 变量的初始化

> 类型 修饰符 = 表达式 ;

实际编写代码时，尽可能地使用初始化变量的方式会更加方便。因为将变量的声明、赋值分成两个语句，难免会出现忘记写赋值语句的情况。

重要

初始化变量可以同时进行声明和赋值。

赋值和初始化的区别

在 C++ 中，赋值和初始化一样都使用 = 符号来完成。无论用哪种方法都可以将值存储在变量中。但是严格来说，在 C++ 中赋值和初始化是不同的。本书在第 15 章中将详细说明赋值和初始化的区别。

更改变量的值

如第 2 章中内容所述，在代码中，所有句子是按顺序处理的。利用该性质，可以将已赋值的变量更改为新的值，示例代码如下所示。

Sample2.cpp 更改变量的值

```
# include <iostream>
using namespace std;

int main()
{
    int num =3;
                                    ❶ 显示变量的值
    cout <<" 变量 nun 的值是 "< num <<"。\n ";

    num = 5;          ❷ 代入变量的新值
}
```

```
    cout<<" 变量 num 的值被更改了。\n ";
    cout<<" 变量 num 的新值是 "<< num <"。\n ";

    return 0;
}
```

❸ 显示变量的新值

Sample2 的执行画面

```
变量 num 的值是 3。
变量 num 的值被更改了。
变量 num 的新值是 5。
```

显示变量的新值

在 Sample2 中，首先设定初始化变量 num 为 3，输出后如 ❶ 所示。然后将 5 作为新的值赋值给变量 num。按照这样的流程操作，对变量再次赋值，就能**覆盖已赋值的数值**，达到修改变量值的目的，如图 3-7 所示。因为 ❷ 的步骤中变量的值被重新赋值了，所以在进行到 ❸ 显示变量 num 时，显示了新的值 "5"。请注意即使 ❶ 与 ❸ 为同一代码，由于被赋予的变量的值不同，显示的值也不同。综上所述，变量可以代入各种各样的值。这就是其被称为 "变" 量的原因。

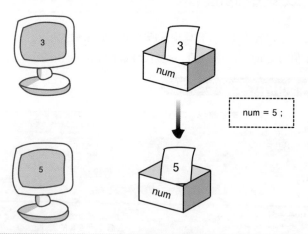

图 3-7　更改变量的值

再一次将值赋予变量 num，变量的值就会改变。

赋值其他变量的值

对变量进行赋值时，能在 = 的右边记述的不仅仅是 3 或 5 这样的整数值。请试着输入下面的代码。

Sample3.cpp　赋予其他变量的值

```
# include <iostream>
using namespace std;

int main()
{
    int num1, num2;
    num1 = 3;
    cout << "变量 num1 的值是 " << num1 << "。\n ";
    num2 = num1;        ●━━━━ 将变量 num1 的值代入变量 num2
    cout << "将 num1 的值代入 num2。\n ";
    cout << "变量 num2 的值是 " << num2 << "。\n";
    return 0;
}
```

Sample3 的执行画面

变量 num1 的值是 3。
将 num1 的值代入 num2。
变量 num2 的值是 3。

　　　　　┗━━ 变量 num2 的值和变量 num1 的值相同

此处，等号的右侧不是数值，而是变量 num1，也就是变量 num2 被赋予"变量 num1 的值"。查看具体代码得知变量 num2 中存储着变量 num1 的值 3。由此可知，可以将一个变量的值代入其他变量，如图 3-8 所示。

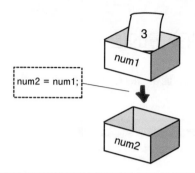

图 3-8 赋值其他变量的值

将变量 num1 的值代入变量 num2。

关于赋值的注意事项

赋值变量时，必须注意如下情况。

请试着输入下面的代码。

Sample4.cpp 注意赋值时的类型

```
# include <stdio . h>
using namespace std;

int main ()
{
    int num1;
    double num2;
    num1 =3.14;          代入 int 型的变量
    num =3.14;           代入 double 型的变量
    cout <<" 变量 num1 的值是 "<< num1 <<"。 \n ";
    cout <<" 变量 num2 的值是 "<< num2 << "。 \n ";
    return 0;
}
```

Sample4 的执行画面

变量 num1 的值是 3。 ← [int 型变量不能存储含有小数的 3.14]

变量 num2 的值是 3.14。 ← [double 型变量可以存储含有小数的 3.14]

Lesson
3

在该代码中，尽管变量 num1 和 num2 被代入相同的值 "3.14"，但是在第一行中显示了与指定值不同的值 "3"，这是因为作为 int 型变量的 num1 只能存储整数值。

如 3.3 节中所说明的那样，变量根据声明的类型能够决定存储的值的种类。在整型的变量中代入含有小数的值，会自动进行类型的转换，小数点后的部分就被舍弃了。

一定要注意指定变量的类型，如图 3-9 所示。关于类型的转换，在第 4 章中将会详细说明。

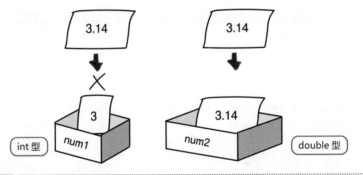

图 3-9　**注意赋值时的类型**
整型的变量不能存储含有小数的值。

关于变量声明位置的注意事项

在本书中，变量声明将被记述在 main() 函数的块内。

```
int main()
{
…  ←[ 在此部分进行变量声明 ]
}
```

实际上，变量声明也可以在 main() 函数的块之外进行，关于这个方法，将在第 10 章中详细说明。注意，在同一块中不能声明名称重复的变量。

3.6 键盘输入

从键盘输入

学习本章的代码，可以利用键盘输入数值，并显示出该数值。使用键盘输入可以更灵活地编写程序。

从键盘输入的代码可以参照以下格式。

语法　**从键盘输入**

```
# include <iostream>
using namespace std;

int main ()
{
    变量的声明 ;
    cin >> 变量 ;
    ...
}
```

> 将从键盘输入的值赋予变量

使用 cin>> 语句来接收从键盘输入的值。此格式的程序会在处理到 cin >> 语句后，将执行程序的画面暂停住，并保持在等待用户输入数值等内容的状态。待用户从键盘输入数值等内容之后，按下 Enter 键即可继续进行运行。输入的值就会被作为变量被读取。但是，如果输入空白等内容则会被忽略。

那么，试着创建一个这样的程序。

Sample5.cpp　输入数值

```
# include <iostream>
```

```
using namespace std;

int main ()
{
    int num =0;

    cout <<" 请输入整数。\n ";         提示等待键盘输入信息

    cin >> num;          从键盘输入的数值将被读入变量 num 中

    cout << " 已输入 " <<num <<"。\n ";
                                  显示已经输入
                                  的数值
    return 0;
}
```

Sample5 的执行画面

```
请输入整数。
10。 ⏎        从键盘输入某个数值
已输入 10。
                                      显示输入的数值
```

执行该程序后，屏幕上会出现"请输入整数。"的提示信息。然后，程序将被暂停在等待用户输入的状态。此时输入"10"后按下 Enter 键，屏幕将会显示"已输入 10。"。

请尝试输入各种各样的数值并运行该代码。熟练运用可以使其显示出各种各样的数值，如图 3-10 所示。

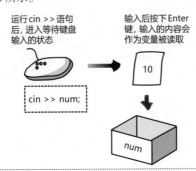

运行 cin >> 语句后，进入等待键盘输入的状态

输入后按下 Enter 键，输入的内容会作为变量被读取

cin >> num;

10

num

图 3-10 读取从键盘输入的内容的步骤

接收从键盘输入的内容，作为变量读取。

输入两个以上的数值

连续使用 >> 符号可以连续输入 2 个以上的数值，参考代码如下所示。

Sample6.cpp 连续输入 2 个或 2 个以上的值

```cpp
# include <iostream>
using namespace std;

int main()
{
    int num1, num2;

    cout <<" 请输入 2 个整数。\n ";

    cin>> num1>> num2;          连续输入 2 次数值

    cout <<" 最初输入了 "<< num1 <<"。\n ";
    cout <<" 接着输入了 "<< num2 <<"。\n ";

    return 0;
}
```

Sample6 的执行画面

```
请输入 2 个整数。
5 ⏎
10 ⏎                          连续输入 2 次数值
最初输入了 5。
接着输入了 10。
```

当执行该代码时，可以从键盘上连续输入 2 个数值 "5" 和 "10"。

首先输入的 "5" 是对变量 num1 进行赋值，随后输入的 "10" 是对变量 num2 进行赋值。因为变量 num1 和 num2 的赋值已经完成，所以屏幕上显示出了已经赋予的值。

了解标准输入如何工作

cout 表示"标准输出",而 cin 表示标准输入(standard input)的概念。"标准输入"通常指的是来自计算机"键盘"的输入。

这里使用的 >> 符号具有将从键盘输入的内容指定到特定变量的功能。从键盘输入内容,和显示到屏幕一样,都需要在代码的开头写入 iostream。

错误的输入

当用户输入了错误的值会发生什么情况呢?例如,对于应当输入整数的程序,如果用户输入了小数会发生什么呢?结果是显示不出正确的结果,或者提示错误信息。

在实际编写程序时,也必须事先记载用户输入错误时的处理。关于对应各种状况的处理,将在第 5 章中进行学习。因此,在实际操作时一定不要忘记考虑用户输入错误时的情况,且必须描述相关的详细代码。

3.7 常 数

 指定 const

在 3.5 节中已经学习了如何变更变量的值。但是，如果在初始化变量时进行特别的设定，就能够使变量的值无法更改，示例代码如下所示。

Sample7.cpp 利用常数

```
# include <iostream>
using namespace std;

int main ()
{
    const double pi =3.1415;          ❶ 指定 const 初始化 pi

    cout <<" 圆周率的值是 "<< pi<<"。\n ";
    cout <<" 圆周率的值不会改变。\n ";

    // 这样的代入不能进行变更
    // pi = 1.44;                       ❷ 不能改变 pi 的值

    return 0;
}
```

Sample7 的执行画面

圆周率的值是 3.1415。
圆周率的值不会改变。

如果删除上述代码中的注释 ❷，该程序将变得不能编译。这是因为在 ❶ 的部分中指定了 const。

```
const double pi = 3.1415;
```
指定 const 进行初始化

上述代码同样通过指定 const 初始化变量，在这之后的代码就不能将值代入变量 pi 了。

了解 const 如何工作

为什么需要做这样的设定呢？

目前已知可以在代码中设定圆周率的数值，但在代码中使用 "pi" 来描述圆周率会更加容易理解。因此，在代码中将 3.1415 赋值给变量 "pi" 即可。

由于变量的值是可以被改变的，因此在编写程序的某处有可能会出现错误地将 "1.44" 赋值给 pi 的情况。于是此处使用 const 指定了变量的值，使其不能被更改，因此避免了发生该类错误。

也就是说，如果使用 const 指定了 "pi" 的值，就可以使其 "值" 保持不变，始终是 "3.1415"。

因为被指定了 const 的变量的值是不能被更新的，所以也被称为常数（constant）。常数的描述方法参考如下。

 语法 const 关键字

> const 类型名　修饰符 = 表达式；

变量初始化语句需要附有 const。例如，当程序编写完成后，要求程序有所改变，此时必须增加进一步精密计算的需求。假设所需使用的圆周率的值为 "3.141592"。那么按照如下操作只修正代码位于最开始初始化的句子，并再一次进行编译即可。代码中所有的 pi 都会按照修改后的状态呈现新的值，示例代码如下所示。

```
const double pi = 3.141592;
```
变更值为 3.141592

代码中使用的 pi 的值都变成了 3.141592

使用常数非常方便，程序变得容易修改。

const 关键字的注意事项

如同前文所述，使用 const 关键字指定了常数 pi 之后，其值不能被更改。即使如下述代码所示，试图将值代入 pi，在编译时也会提示出现错误。

```
const double pi = 3.1415;
pi=1.44;
```

如果指定了 const，则必须初始化变量，如图 3-11 所示。在不初始化的前提下想要直接赋值，其结果将是出错且无法进行编译。

```
const double pi;
pi = 3.1415;
```

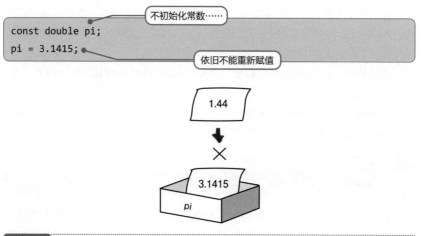

图 3-11　const

指定 const 并初始化变量之后，值是不能被更改的。

Lesson
3

3.8　章节总结

通过本章读者学习了以下内容。

- 变量可以存储值。
- 变量可以设定名称和类型并进行声明。
- 变量的"名称"需要使用修饰符。
- 为了对变量进行赋值，使用 = 符号。
- 初始化变量时，可以在声明的同时存储值。
- 如果对变量进行赋值，存储的值就会更改。
- 可以从键盘输入变量。
- 使用 const 指定变量之后，值将不能被更改。

　　变量是 C++ 最基本的功能之一。话虽如此，单凭本章中出现的示例，还很难令人感受到变量的可贵之处。但是，当读者编写了大量的代码并阅读完本书时，届时便会明白变量是 C++ 不可缺少的功能。请读者在熟悉了各式变量之后，返回本章再复习一遍。

练习

1. 请编写可以显示如下内容的代码。

> 圆周率的值是多少？
> 3.14 ⏎
> 圆周率的值是 3.14。

2. 请编写可以显示如下内容的代码。

> 字母表的第一个字母是什么？
> a ⏎
> 字母表的第一个字母是 a。

3. 请编写可以显示如下内容的代码。

> 请输入身高和体重。
> 165.2 ⏎
> 52.5 ⏎
> 身高是 165.2 厘米
> 体重是 52.5 公斤。

第 4 章

表达式与运算符

计算机可以进行各种各样的处理，这种时候"运算"的存在就显得尤其重要。编写 C++ 程序时，运算功能是必不可少的。在 C++ 中，为了能够简化运算，事先准备了名为"运算符"的功能。在本章中，读者将学习各种运算符的使用方式。

Check Point

- 表达式
- 运算符
- 操作数
- 递增运算符
- 递减运算符
- 赋值运算符
- 运算符的优先级
- 类型转换
- 转换运算符

4.1 表达式简介

了解表达式的构造

计算机会通过"计算"来进行各种各样的处理。所以本章的开头将会先进行关于表达式的学习。为了理解"表达式"，首先联想一下"1 + 2"这个式子。C++代码中也会使用这样的表达式。

C++ 中的"表达式"大多是由以下两部分组合而成。

运算符（用于运算: operator）
操作数（运算的对象: operand）

例如，"1+2"中"+"是运算符，"1"和"2"是操作数。

除此之外，表达式的"评价"也是一个很重要的概念。为了理解"评价"，首先思考如何"计算"这个表达式。这个计算就相当于对表达式的评价。

例如，评价 1+2 这个表达式就会得到 3。评价后得到的 3 便被称为"表达式的值"。具体参照如图 4-1 所示。

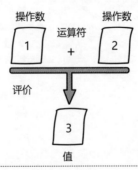

图 4-1 表达式
评价表达式 1+2 后就会得到 3 这个值。

输出表达式的值

利用以往学习的输出代码就可以输出表达式的值了。试着输入下面这段代码。

Sample1.cpp　输出表达式的值

```
# include <iostream>
using namespace std;

int main()
{
    cout <<"1+2 得出 "<< 1+2 <<" 这个结果。\n";
    cout <<"3*4 得出 "<< 3*4 <<" 这个结果。\n";

    return 0;
}
```

> 写着 1+2 这个表达式

Sample1 的执行画面

1+2 得出 3 这个结果。
3*4 得出 12 这个结果。

> 表达式经过评价就会输出 3

如上所示，代码中写着"1+2"这个表达式。再看执行画面，也顺利地输出了 3 这个数字。

另一段代码也一样，写着"3*4"这个表达式，而这个表达式就代表着进行"3*4"这个计算。在 C++ 中进行乘法运算时，使用的是 * 这个符号。

因此，输出在画面中的值就是表达式经过评价后的值。

进行各种运算

在表达式中，运算的对象（操作数）不一定是像 1 或者 2 一样的具体数字。接下来，试着输入下面这段代码。

Sample2.cpp　使用变量的值

```cpp
# include <iostream>
using namespace std;

int main()
{
    int num1 = 2;
    int num2 = 3;
    int sum = num1+num2;          ❶将 num1+num2 的值代入 sum

    cout << "变量 num1 为 " << num1 << " 这个值。\n";
    cout << "变量 num2 为 " << num2 << " 这个值。\n";
    cout << "num1+num2 的结果为 " << sum << " 这个值。\n";

    num1 = num1+1;                ❷将 num1+1 的值代入 num1

    cout << "变量 num1 的值每增加 1 就会变成 " << num1 << " 这个值。\n";

    return 0;
}
```

Sample2 的执行画面

```
变量 num1 为 2 这个值。
变量 num2 为 3 这个值。
num1+num2 的结果为 5 这个值。          输出加法运算的结果
变量 num1 的值每增加 1 就会变成 3 这个值。
```

上述代码的 ❶ 和 ❷ 部分是将变量作为操作数来写入的。像这样除了具体的数值，变量也可以作为操作数。下面来分别看一看这两个部分。

❶ 中的表达式 sum = num1 + num2 是对记录在变量 num1 和变量 num2 中的"值"进行加法运算，并将这个值代入变量 sum 中。

❷ 中的表达式 num1 = num1 + 1 是将变量 num1 的值加 1，并将这个值代入 num1。

虽然这个表达式左边和右边并不相等，看上去很奇怪，但其实 = 这个符号并不代表着"等于"，而是代表"赋值"功能，所以才会出现这样的编写方式。示例

如图 4-2 所示。

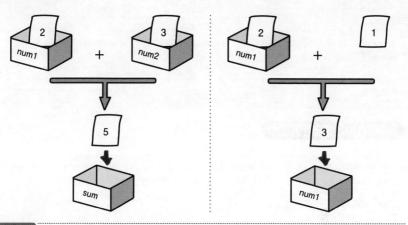

图 4-2 sum1=num1+num2（左）; num1=num1+1（右）
对记录在变量中的值进行加法运算。

对从键盘输入的值进行加法运算

接下来，请思考一下关于"使用变量的表达式"。如第 3 章所述，变量可以存储很多的数值。也就是说，使用变量时，表达式的值会根据处理这段代码时的变量的值而有所不同。

只要好好运用这个知识，就可以编写出更加变化多端的程序。接下来，试着输入下面这段代码。

Sample3.cpp 加法运算程序

```
# include <iostream>
using namespace std;

int main()
{
    int num1, num2;

    cout << "请输入整数 1。\n";
    cin >> num1;  ←———  输入的值会被记录在变量 num1 和 num2 中
```

```
    cout << "请输入整数 2。\n";
    cin >> num2;  ●————  输入的值会被记录在变量 num1 和 num2 中

    cout << "加法运算的结果是 " << num1+num2 << " 这个值。\n";  ●————┐
                                                        输出 num1 和 num2
    return 0;                                            的加法运算结果
}
```

Sample3 的执行画面

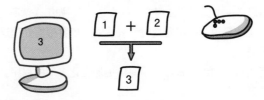

```
请输入整数 1。
5 ↵
请输入整数 2。
10 ↵
加法运算的结果是 15 这个值。  ●————  输出输入数字的加法运算结果
```

    Sample3 是一个将从键盘输入的值读入变量中从而进行运算的程序。其同时也运用到了第 3 章中学到的接收键盘输入的代码。运行该程序，输入各种整数后，输入的整数就会经过加法运算然后再被输出，如图 4-3 所示。

图 4-3 对从键盘输入的值进行加法运算

可以输入各种各样的值并对它们进行加法运算。

    像这样使用变量和运算符编写代码，可以创建出根据程序运行时的状况而改变的程序。虽然之前的代码一直都只能输出同样的值或者文字，但是经过刚刚的学习，已经可以根据输入的数值而输出不同的运算结果了。这样就能编写出变化多端的程序了。

各种表达式

表达式并不是只有如下形式：

1+2

3*4

以下形式也可以被称作表达式：

num1……变量

5……常数

也就是说，"5"这个表达式的值是 5。此外，"num1"这个表达式的值在变量 num1 存储 5 时是 5，存储 10 时就是 10。

像这些小的表达式可以和其他表达式进行组合从而构成大的表达式。例如，"num1+5"这个表达式的值就是表达式 num1 的值和表达式 5 经过加法运算后得到的结果。

```
num1      +      5
表达式          表达式

        表达式
```

4.2 运算符的种类

 多种多样的运算符

在 C++ 中，除了 + 运算符之外还存在许多其他运算符。运算符的种类见表 4–1。

表 4-1　运算符的种类

符号	名称	操作数的数量	符号	名称	操作数的数量
+	加法	2	<=	小于等于	2
–	减法	2	==	等于	2
*	乘法	2	!=	不等于	2
/	除法	2	!	逻辑非	1
%	取余	2	&&	逻辑与	2
+	正数	1	||	逻辑或	2
–	负数	1	*	间接	1
~	按位取反	1	,	逗号	2
&	按位与	2	()	函数调用	2
|	按位或	2	[]	下标	2
^	按位异或	2	::	作用域	2
<<	左移	2	.	结构体成员（圆点）	2
>>	右移	2	->	指向结构体成员（箭头）	2
++	自增	1	?:	条件	3
––	自减	1	new	动态新建内存	1
>	大于	2	delete	动态释放内存	1
>=	大于等于	2	sizeof	类型长度	1
<	小于	2			

运算符有的需要 1 个操作数，有的则需要 2 个或 3 个操作数。1 个操作数的运算符被称为一元运算符（unary operator）。同理，2 个操作数的运算符被称为二元运算符，3 个操作数的运算符被称为三元运算符。

例如，进行减法运算的 – 运算符需要 2 个操作数，代码如下所示。

```
10-2
```

另一方面，用来表示"负数"的 – 运算符只需要 1 个操作数，代码如下所示。

```
-10
```

接下来，试着用表 4-1 中记载的各种运算符来编写一段代码。

Sample4.cpp 使用各种运算符

```cpp
# include <iostream>
using namespace std;

int main()
{
    int num1 = 10;
    int num2 = 5;

    cout << " 对 num1 和 num2 进行各种运算。\n";
    cout << "num1+num2 的结果是 "<< num1+num2 << " 这个值。\n";
    cout << "num1-num2 的结果是 "<< num1-num2 << " 这个值。\n";
    cout << "num1*num2 的结果是 "<< num1*num2 << " 这个值。\n";
    cout << "num1/num2 的结果是 "<< num1/num2 << " 这个值。\n";
    cout << "num1%num2 的结果是 "<< num1%num2 << " 这个值。\n";

    return 0;
}
```

进行了各种各样的运算

Sample4 的执行画面

```
对 num1 和 num2 进行各种运算。
num1+num2 的结果是 15 这个值。
num1-num2 的结果是 5 这个值。
num1*num2 的结果是 50 这个值。
num1/num2 的结果是 2 这个值。
```

Lesson
4

num1%num2 的结果是 0 这个值。

在 Sample4 中进行了加减乘除四则运算。这些运算都很简单。但是有一个需要注意的，即最后的"% 运算符"（**取余运算符**），该运算符是在如下运算中，表示"×"这个位置的值。

num1÷num2= ●···余 ×

换句话说，% 运算符是代表着"求余数"的运算符。在上面这段代码中，因为"10÷5=2 余 0"所以输出了 0 这个值。

取余运算符 % 会经常被用在需要分组的情况下。比如说，某个整数 5 经过除法求余数时，可以取到 0 ~ 4 的某一个值。这样，就能将 0 ~ 4 分成五组。

试着改变 num1 和 num2 的值来进行各种运算。但是要记好，/ 运算符和 % 运算符中，0 是不能作为除数的。

操作数的类型

运算符可以进行怎样的运算和操作数（运算对象）的"类型"有密切的关系。需要注意的是，也存在根据操作数的类型不同而无法使用的运算符。关于这一点，将在 4.4 节进行详细的介绍。

自增运算符和自减运算符

现在来看看表 4-1 中经常会在编写程序时用到的几个运算符。首先，将视线转向表中的"++"运算符。该运算符的使用方式如下。

```
a++;
```
将整数 a 的值加 1

++ 运算符被称为**自增运算符**（increment operator）。"自增"是指将（变量）值增加 1 的运算，如图 4-4 所示。下方代码也是将变量 a 的值增加了 1，进行的是和上方代码一样的处理。

```
a = a+1;
```
将值增加 1 的运算也可以写成这样

与之相对的，具有 2 个 – 的"--"被称为**自减运算符**（decrement operator）。"自减"是将变量的值减少 1 的运算。

```
b--;
```
将变量 b 的值减 1

该自减运算符和下方的代码是同样的含义。

```
b = b-1;
```
将值减少 1 的运算也可以写成这样

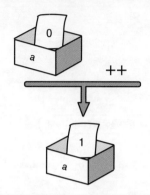

图 4-4　自增和自减

需要对变量的值进行加法（减法）时使用自增（自减）运算符。

自增（自减）运算符会将变量的值加（减）1。

自增 / 自减运算符的前置和后置

自增运算符和自减运算符可以写在操作数的前面或者后面，即将变量 a 自增的情况下，可以有以下两种写法。

```
a++
++a
```

第一种将运算符放在操作数后方的写法被称为"后置自增运算符"，放在操作数前方的写法被称为"前置自增运算符"。如果只是为了将变量增加 1，两种写法都是可取的。

但是，有时也会有根据写法不同而导致程序运行结果不同的情况。试着写写下方的代码。

Sample5.cpp 使用前置 / 后置自增运算符

```cpp
# include <iostream>
using namespace std;

int main()
{
    int a = 0;
    int b = 0;

    b = a++;              使用的是后置自增运算符

    cout << "代入后进行了自增，所以 b 为 " << b << " 这个值。\n";

    return 0;
}
```

Sample5 的执行画面（一）

代入后进行了自增，所以 b 为 0 这个值。

此处使用了后置自增运算符。如果在这里使用前置自增运算符，便会产生不同的运算结果。将代码中的自增运算符改成如同下方一样的前置自增运算符后，再试着编写一段程序看看。

```
...
b = ++a;              使用了前置自增运算符
cout << "代入前进行了自增，所以 b 为 " << b <<" 这个值。\n";
...
```

运行程序后，这次便会输出如下数值。

Sample5 的执行画面（二）

代入前进行了自增，所以 b 为 1 这个值。

第一次使用的后置自增运算符进行了如下处理。

先将 a 的值代入了变量 b ➡ 再将 a 的值增加 1

而前置运算符则是进行了如下逆处理。

先将 a 的值增加 1 ➡ 再将 a 的值代入了变量 b

因此，输出的变量 b 的值才有所不同，如图 4-5 所示。自减运算符也具有同样的性质。试着一边看着 Sample5 一边使用前置 / 后置自减运算符来编写代码。

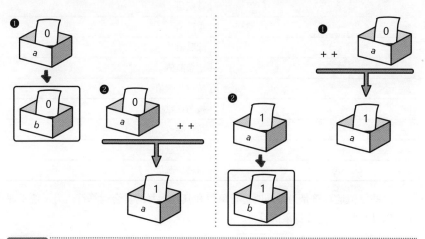

图 4-5 **自增的前置和后置**
如果选择后置，则代码先进行代入然后再增加变量的值（左）。如果选择前置，则代码先增加变量的值然后再进行代入（右）。

自增 / 自减运算符的使用方法

因为自增 / 自减运算符会逐一增加或者减少数值，所以在某些需要逐一计算处理次数的情况下会经常用到。第 6 章中将介绍到的 for 语句中就会经常用到该运算符。

赋值运算符

接下来，进入赋值运算符（assignment operator）的学习。赋值运算符是指之前将值代入变量时使用的等号（=）。该运算符和通常表示"等于"（equal）的 = 并不是同一个含义。赋值运算符是具有**将右边的值代入左边的变量中**的功能的运算符。赋值运算符不仅有 =，也有将 = 与其他运算符进行组合产生的变体，见表 4-2。

表 4-2　赋值运算符的变体

符　号	名　称
+=	加赋值
_=	减赋值
*=	乘赋值
/=	除赋值
%=	求余赋值
&=	按位与赋值
|=	按与或赋值
^=	按位异或赋值
<<=	左移位赋值
>>=	右移位赋值

这些赋值运算符是为了同时进行赋值和其他运算的复合运算符。为了便于理解，以其中的 += 运算符举例说明。

```
a += b;
```
将 a+b 的值代入 a 中

+= 运算符表示**将变量 a 的值与变量 b 的值相加，再将结果代入变量 a 中**。

+= 运算符同时具备了 + 运算符和 = 运算符的功能，如图 4-6 所示。

像这样，使用与四则运算等运算符（这里记为●）组合的复合赋值运算符的语句：

```
a ● = b;
```

通常会使用赋值运算符 = 写作：

```
a = a ● b;
```

也就是说，下面的两段语句都表示"将变量 a 的值加上变量 b 然后再将结果代入变量 a 中"。

```
a  += b;
a = a + b;
```
都表示将 a+b 的值代入 a

需要注意的是，在使用复合运算符时，不能在 + 和 = 之间有空格：

```
a + = b;
```
这里不能输入空格

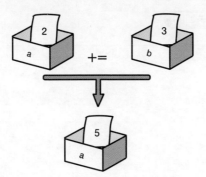

Lesson
4

图 4-6　复合赋值运算符

使用复合赋值运算符时，可以更简单地同时进行四则运算和赋值。

下面试着用 += 运算符来编写一段代码。

Sample6.cpp　使用复合赋值运算符

```cpp
# include <iostream>
using namespace std;

int main()
{
    int sum = 0;
    int num = 0;

    cout << " 请输入第 1 个整数。\n";
    cin >> num;
    sum += num;
    cout << " 请输入第 2 个整数。\n";
    cin >> num;
    sum += num;
    cout << " 请输入第 3 个整数。\n";
    cin >> num;
    sum += num;

    cout << "3 个数的总和是 " << sum << " 这个值。\n";

    return 0;
}
```

使用复合赋值运算符

Sample6 的执行画面

请输入第 1 个整数。
1 ⏎
请输入第 2 个整数。
3 ⏎
请输入第 3 个整数。
4 ⏎
3 个数的总和是 8 这个值。

在这个示例中，使用了 += 运算符将输入数值的加法运算结果按顺序储存在变量 sum 中，使代码变得简单清楚。请试着用 + 运算符和 = 运算符重新编写一下这段代码。

sizeof 运算符

接下来学习 sizeof 运算符（sizeof operator）。首先输入以下代码。

Sample7.cpp　使用 sizeof 运算符

```cpp
# include <iostream>
using namespace std;

int main()
{
    int a = 1;
    int b = 0;
                                            查询类型的长度
    cout << "short int 型的长度是 " << sizeof(short int) <<
        " 字节。 \n";
    cout << "int 型的长度是 " << sizeof(int) << " 字节。 \n";
    cout << "long int 型的长度是 " << sizeof(long int) <<
        " 字节。 \n";
    cout << "float 型的长度是 " << sizeof(float) << " 字节。 \n";
    cout << "double 型的长度是 " << sizeof(double) << " 字节。 \n";
    cout << "long double 型的长度是 " << sizeof(long double) <<
        " 字节。 \n";
```

```
    cout << " 变量 a 的长度是 " << sizeof(a) << " 字节。\n";
    cout << " 表达式 a+b 的长度是 " << sizeof(a+b) << " 字节。\n";

    return 0;
}
```

查询表达式的长度

Sample7 的执行画面

short int 型的长度是 2 字节。
int 型的长度是 4 字节。
long int 型的长度是 4 字节。
float 型的长度是 4 字节。
double 型的长度是 8 字节。
long double 型的长度是 8 字节。
变量 a 的长度是 4 字节。
表达式 a+b 的长度是 4 字节。

　　通过使用 sizeof 运算符，可以知道各种类型或者表达式的值的长度。查看运行结果，可以知道屏幕输出的是 sizeof（●）中●处写着的类型或者表达式的值以字节为单位的长度。另外，因为 C++ 的类型和表达式的长度有时会根据运行环境而有所不同，所以显示的长度也有可能和上述的长度有所不同。

　　编写 C++ 代码时，有时会出现不知道类型或者表达式的长度便不能处理的问题。这种情况下，就可以使用 sizeof 运算符查询当前的运行环境下类型或者表达式的值的长度，如图 4-7 所示。

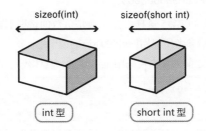

sizeof(int)　　　sizeof(short int)

int 型　　　short int 型

图 4-7　sizeof 运算符
　　查询类型或表达式的长度时会使用 sizeof 运算符。

重要

sizeof 运算符可以查询类型或表达式的长度。

移位运算符

最后，来看看比较复杂的运算符，即表 4-1 中 << 和 >> 这两个符号所表示的**移位运算符**（shift operator）。

"移位运算符"是表示**将一个二进制的数值按指定移动的位数向左或者向右移动（移位）的运算符**。

例如，<< 运算符被称为左移运算符，进行的是**将左边用二进制表示的值向左移动右边指定的位数，多出来的位数从右端开始输入 0**。这样一个运算。光看解释句子有些长并且烦琐，不如来看一下实际的示例。

这里，针对 short int 型（第 3 章）的值进行了 5<<2 的左移运算，具体运算如下所示。

5	0000000000000101
<< 2	
20	0000000000010100

> 向左移动 2 个位数，右端开始输入 0

二进制的 10100 是十进制位数的 20。也就是说，5<<2 其实是 20。>> 运算符进行的则是被称为右移运算的运算。这个运算进行的是**根据右边指定的位数向右移动，多出来的位数从左端开始输入 0** 这样一个运算。

5>>2 的运算示例如下所示。

5	0000000000000101
>> 2	
20	0000000000000001

> 向右移动 2 个位数，左端开始输入 0

然而，右移运算时在像 5 这样的操作数是负数的情况下，左端的位数也有可能输入的是 1。具体请参考所使用的开发环境的说明书。

<< 和 >> 符号在之前的样本代码中也遇到过，具体代码如下所示。

```
cout << …;
cin << …;
```

输入 / 输出时使用的 << 运算符和 >> 运算符与这里说明的移位运算符是不同的使用方法。在第 15 章中，将会对运算符不同用法的区分方法进行学习。

4.3 运算符的优先顺序

运算符的优先级

请看下面这个表达式。

```
a+2*5
```
2*5 会先被评价

这个表达式中，同时使用了 + 运算符和 * 运算符。像这样在一个表达式中同时使用多个运算符也是常见的。这种时候，表达式会按照怎样的顺序被评价（进行运算）呢？

一般的四则运算中，乘法运算会比加法运算先进行计算。这是因为在算数的法则中，乘法运算比加法运算**优先级更高。**

C++ 的运算符也是如此。比如上面的代码中会先进行 "2*5" 的运算的评价再进行 "a+10" 的运算的评价，如图 4-8 所示。

运算符的优先级其实也是可以变更的。与一般的数学公式一样使用括号，括号中的内容就会被优先评价。就像下面的表达式，这个式子先进行了 "a+2" 的评价，然后再将得到的值乘以 5。

```
（a+2）*5
```
括号中的内容会被优先评价

接下来，看看如果使用其他运算符会怎么样。请看下面的表达式。

```
a = b+2;
```

在使用赋值运算符的情况下，因为赋值比四则运算优先级要低，所以该表达式其实和下面的表达式是以同样的顺序进行运算的。

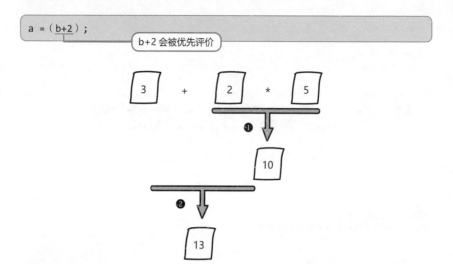

```
a = (b+2);
```
b+2 会被优先评价

图 4-8　运算符的优先级

运算符是有优先级的。改变优先级时需要用到括号。

C++ 中用到的运算符的顺序见表 4-3。

表 4-3　运算符的优先级（实线划分的区域中属于相同的优先级）

符　号	名　称	结合规则
::	作用域	–
::	全局作用域	–
（）	函数调用	左
[]	下标	左
.	结构体成员（圆点）	左
–>	指向结构体成员（箭头）	左
++	后置自增	左
––	后置自减	左
!	逻辑非	右
~	按位取反	右
+	正数	右
–	负数	右
sizeof	类型长度	右
++	前置自增	右
––	前置自减	右

符　号	名　称	结合规则
&	按位与	右
*	乘法	右
new	动态新建内存	右
delete	动态释放内存	右
( )	类型转换	右
%	取余	左
*	乘法	左
/	除法	左
+	加法	左
–	减法	左
<<	左移	左
>>	右移	左
>	大于	左
>=	大于等于	左
<	小于	左
<=	小于等于	左
==	等于	左
!=	不等于	左
|	按位或	左
&&	逻辑与	左
||	逻辑或	左
?:	条件	右
=	代入	右
,	逗号	左

使用相同优先级的运算符

　　需要同时用到同一个优先级的运算符时应该怎么办呢？四则运算中，相同优先级下，按照"从左往右的顺序"进行计算。这样的运算顺序被称为左结合（left associative）。

C++ 的运算符也遵循左结合规则。也就是说，如下代码：

```
a+b+1
```

会按照如下顺序进行评价。

```
(a+b)+1    ●————————[ 从左开始进行评价 ]
```

另外，也有从右边开始进行评价的运算符，这种评价方式被称为右结合（right associative）。例如，赋值运算符就是右结合的运算符。也就是说，如下代码：

```
a=b=1
```

会按照如下顺序进行评价。

```
a=(b=1)    ●————————[ 从右开始进行评价 ]
```

首先将 1 代入变量 b 中，再将 1 这个值代入变量 a 中。一般来说，一元运算符和赋值运算符是右结合的运算符。

4.4 类型转换

 代入到长度较大的类型中

目前为止看到的运算符和其操作数的类型有着密切的关系。本节中，将会着重了解赋值运算符和类型的关系。首先，来看看下面这段代码。

Sample8.cpp　代入到长度较大的类型中

```cpp
# include <iostream>
using namespace std;

int main()
{
    int inum = 160;
    double dnum;

    cout << "身高是 " << inum <<"厘米。\n";
    cout << "代入到 double 型的变量中。\n";

    dnum = inum;          代入到长度较大的类型中

    cout << "身高是 " << dnum << "厘米。\n";

    return 0;
}
```

Sample8 的执行画面

身高是 160 厘米。
代入 double 型的变量。
身高是 160 厘米。

这段代码将 int 型变量的值代入到了 double 型变量中。这样，int 型的值被转换成了 double 型后再进行代入。

一般在 C++ 中可以进行**将长度较小的类型的值代入到长度较大的类型的变量中**的操作。

像这样改变类型的操作就被称为**类型转换**，如图 4-9 所示。

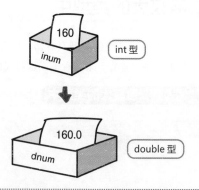

图 4-9 代入到长度较大的类型中
将长度较小的类型的值代入到长度较大的类型的变量中。

代入到长度较小的类型中

那么反过来，应该如何将长度较大的类型的值代入到长度较小的类型的变量中呢？请看下面这段代码。

Sample9.cpp 代入到长度较小的类型中

```cpp
# include <iostream>
using namespace std;

int main()
{
```

```
double dnum = 160.5;
int inum;

cout << " 身高是 " << dnum <<"厘米。\n";
cout << " 代入到 int 类型的变量中。\n";

inum = dnum;          代入到长度较小的类型中

cout << " 身高是 " << inum << " 厘米。\n";

return 0;
}
```

Lesson
4

Sample9 的执行画面

身高是 160.5 厘米。
代入到 int 型的变量中。
身高是 160 厘米。   有时会失去值的一部分

上述代码将 double 型变量的值代入到了 int 型变量中。也就是说，double 型的值被转换成了 int 型后再进行代入。

但是，当转换成长度较小的类型时，这个类型中无法被表示的部分就会像上面那段代码一样被舍去。例如，"160.5"这个值无法保持原本形态储存在 int 型的变量中，而是会被去除小数点之后的部分变成整数"160"后再被存储进去。

 # 使用类型转换运算符

转换类型时，可以清楚地写下进行了怎样的类型转换。
请看下面的类型转换运算符（cast operator）。

 语法　类型转换运算符

（类型）表达式

类型转换运算符可以将指定表达式的类型转换成小括号中指定的类型。
用类型转换运算符重新编写 Sample 9。请将 Sample 9 的代入部分改写成下面这样。

```
...
inum = (int)dnum
...
```
指定想要转换成的类型

运行结果和 Sample9 一样的。只是这次将转换成长度较小的类型的操作清楚地写在了代码中。通过使用类型转换运算符便可以明确地编写类型的转换。但要注意特殊情况，如图 4-10 所示。

 重要　类型转换运算符可以转换类型。

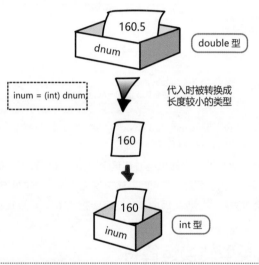

160.5 *dnum* double 型

inum = (int) dnum 代入时被转换成长度较小的类型

160

160 *inum* int 型

图 4-10　代入到长度较小的类型中

将长度较大的类型的值代入到长度较小的类型变量中时，有时会失去值的一部分。

使用类型转换运算符

类型转换运算符在像 Sample8 这样转换成长度较大的类型的情况下也可以使用。

转换成 double 型

```
dnum = (double)inum;
```

Sample8 即使写成这种形式，运行结果也不会改变。

使用不同的类型进行运算

接下来，看一下进行加减乘除四则运算时运算符和操作数的关系。请看下面这个示例。

Sample10.cpp　使用不同的类型进行运算

```
# include <iostream>
using namespace std;

int main()
{
    int d = 2;
    const double pi = 3.14;

    cout << " 直径是 " << d << " 厘米的圆。\n";
    cout << " 周长是 " << d*pi << " 厘米。\n";

    return 0;
}
```

> int 型的 d 被转换成 double 型之后再进行运算

Sample10 的执行画面

```
直径是 2 厘米的圆。
周长是 6.28 厘米。
```

上述代码将 int 型的 d 的值和 double 型的 pi 的值进行了乘法运算。C++ 中使用运算符编写不同类型的操作数时，一般而言会遵循**将一边的操作数转换成长度较大的类型之后进行运算**的规则。也就是说，这里 int 类型的 d 的值虽然是 2，但是它被转换成了 double 型的数值（2.0）后才进行了乘法运算。因此得到的表达式的值也会是 double 型的值，如图 4–11 所示。

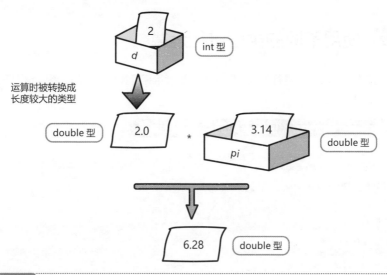

图 4-11　不同类型的运算

类型不同时，将会统一成长度较大的类型后进行运算，得到的结果也会是长度较大的类型。

使用相同的类型进行运算

那么，如果使用相同的类型进行运算会是什么样呢？这种情况下，两个相同类型会直接进行运算，得到的结果也是这个类型的值。然而，有的代码中这种运算也会得到预料之外的结果。请看下面这个示例。

Sample11.cpp　使用相同的类型进行运算

```cpp
# include <iostream>
using namespace std;

int main()
{
    int num1 = 5;
    int num2 = 4;
    double div;

    div = num1/num2;          目的是计算 5÷4
```

```
    cout << "5/4 得到 " << div << " 这个值。\n";

    return 0;
}
```

Sample11 的执行画面

5/4 得到 1 这个值。 ●————————　没有得到预想中的答案

上述代码试图通过 int 型的变量 num1 和 num2 将 5÷4 的结果代入 double 型的变量 div 中，并且期望最终能得出"1.25"这个结果。

然而，因为 num1 和 num2 都是 int 型，所以"5/4"计算后的结果是"1"，最终输出的结果也是"1"这个值，如图 4-12 所示。

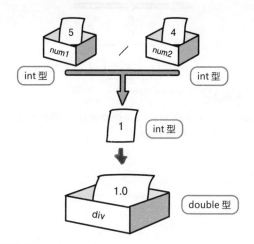

图 4-12　相同类型的运算

　　两个操作数都是 int 型的情况下，结果也会是 int 型。

如果想得到"1.25"这个结果，需要将 num1 或者 num2（至少其中一个）转换成 double 型。如在除法运算的部分中使用类型转换运算符，代码如下所示。

```
...
div = (double)num1/(double)num2;
...
```
　　　　　　　　　　　　　　　　　　　　使用类型转换运算符

变更代码后的执行画面如下。

变更后的 Sample11 的执行画面

5/4 得到 1.25 这个值。 — 这次得到了事先预想的结果

像这样改写代码后，就可以进行 double 型的运算，结果自然也会变成 double 型，从而输出 1.25 这个答案，如图 4-13 所示。因此，运算时要注意操作数的类型。

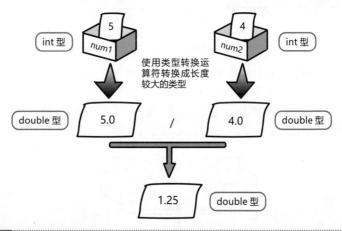

图 4-13　double 型的运算

在 Sample11 中，如果想要得到 double 型的结果，需要使用类型转换运算符将至少一边的操作数的类型进行转换。

4.5 章节总结

通过本章，读者学习了以下内容。

- 运算符和操作数组合形成表达式。
- 使用自增 / 自减运算符可以将变量的值加 1 或者减 1。
- 使用复合赋值运算符时，可以进行四则运算和赋值运算符的组合处理。
- 通过 sizeof 运算符可以知道类型或者表达式的长度。
- 使用不同类型的操作数进行运算时，有时会发生类型转换。
- 转换成长度较小的类型时，有时会失去一部分值。
- 使用类型转换运算符，可以清楚地表示出类型转换。
- 有时代入时会发生类型转换。
- 进行四则运算时，也可能发生类型转换。

通过使用运算符，可以简洁地编写出以四则运算为首的各种处理。

本章之后进行的程序编写中，这些运算符将会逐一登场。看到不认识的运算符时，就回到本章进行复习。

练习

1. 请写出可以输出下方计算结果的代码。

```
0-4
3.14 × 2
5 ÷ 3
30 ÷ 7 的余数
（7+32） ÷ 5
```

2. 请写出输入高和底边后，可以输出三角形面积的代码。

   （提示：三角形的面积 =（高 × 底边） ÷ 2）

```
请输入三角形的高。
3 ↵
请输入三角形的底边。
5 ↵
三角形的面积是 7.5。
```

3. 请写出通过键盘输入 5 个科目的成绩后，可以输出总分和平均分的代码。

```
请输入科目 1 的成绩。
52 ↵
请输入科目 2 的成绩。
68 ↵
请输入科目 3 的成绩。
75 ↵
请输入科目 4 的成绩。
83 ↵
请输入科目 5 的成绩。
36 ↵
5 个科目的总分是 314 分
5 个科目的平均分是 62.8 分
```

第 5 章

具体情况具体处理

在目前为止的程序中，代码中的语句都是一句接一句按顺序进行处理的。但是，当要追求更加复杂的处理时，这样按顺序处理有可能达不到理想的结果。此时可以用到 C++ 中的可处理集合复杂语句，从而控制运行的方法。本章将学习具体情况下可以使用的控制处理语句。

Check Point

- 条件
- 关系运算符
- 条件判断语句
- if 语句
- if-else 语句
- if-else if-else 语句
- 逻辑运算符
- switch 语句

5.1 关系运算符和条件

 了解条件的结构

日常生活中可能会遇到以下情况：

如果学习成绩好……
　　　　➜ 和朋友去旅行
如果学习成绩不好……
　　　　➜ 再学习一遍

在 C++ 中也可以像上文一样"根据情况进行处理"。在本章中，将学习根据各种不同情况进行复杂处理的方法。

为了在 C++ 的环境中表示各种各样的状况，使用**条件**（condition）这个概念。例如，在上面的示例中，成绩好就是判断的条件。

实际上在 C++ 代码中，并不是使用人类言语去记述此类条件。请回忆在第 4 章学到的表达式，该章中学习了表达式被评价后产生值的知识点。在这样的表达式中，有两个值：真（ture）和假（false），用其中的任意一方表示的表达式在 C++ 中被称作"条件"。true 或 false 用于判断某值为"正确"或"不正确"。

例如，以"成绩好"为条件，判断该条件为 ture 或 false 的情况如下所示。

如果成绩在 80 分以上→说明成绩很好，　　　　条件是 true
如果成绩不到 80 分→说明成绩不好，　　　　条件是 false

条件的记述

大致对条件有了一个印象之后，现在用 C++ 表达式来试试看。使用不等式 3>1 来表示 3 大于 1 的情况：

3>1

以上不等式的意思为 3 是大于 1 的数值，所以这个不等式可以判断为"正确"。另一方面，请看如下不等式应当如何判断？

3<1

这个式子可以判断为"不正确"。在 C++ 中，也可以使用类似 > 这样的符号。上面的条件判断式被判断为 true，下面的条件判断式被判断为 false，如图 5-1 所示。也就是说，3>1 或 3<1 的条件判断式可以作为 C++ 的条件来使用。

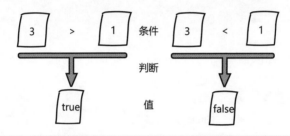

图 5-1　条件

可以使用关系运算符来描述"条件"。条件被判断为 true 或 false。

为了创造条件而使用的 > 等符号，被称为**关系运算符**（relational operator）。表 5-1 总结了各种各样的关系运算符。

从表 5-1 可以看出，> 表示"左边大于右边的情况为 true"。

所以根据情况判断，3>1 为 true。否则，如 1>3 为 false。

表 5-1　关系运算符

运算符	如果表达式为 true
= =	右边等于左边
! =	右边不等于左边
>	左边比右边大
≥	左边大于等于右边
<	左边比右边小
≤	左边小于等于右边

使用关系运算符记述条件。

true 和 false

true 和 false 是 bool 型（见表 3-1）的值，被称为逻辑常量。bool 型的值是 C++ 引进的比较新颖的知识点。有时 true 和 false 会被转换成整数值。参照如下所示。

true   ➡   1
false   ➡   0

另外，也有相反的情况，整型的值被转换成 bool 型的值。参照如下所示。

0 以外的整数   ➡   true
0   ➡   false

一般默认使用整型的值时，1 为 true，0 为 false。

使用关系运算符

试着使用关系运算符记述如下几个条件。

5 > 3 ●————[该条件为 true]

5 < 3 ●————[该条件为 false]

a==6 ●
        ├————[该条件根据变量 a 的值而不同]
a !=6 ●

条件 "5>3" 表示 5 大于 3，因此可以非常轻松地判断出该表达式的值为 true。"5<3" 这个条件则表示 3 比 5 大，所以该表达式的值自然为 false。

在条件中也可以使用变量。例如，上述"a==6"的条件，如果变量 a 的值为 6，那么判断结果为 true。如果变量 a 的内容是 3 或 10 时，则为 false。根据特定情况变量的值不同，判断条件的值也不同，如图 5-2 所示。同理可知，"a !=6"在 a 不为 6 时的条件下判断结果为 true。另外，!= 和 == 都是由两个符号组合为一组运算符的，所以 ! 和 = 之间不可以输入空格。

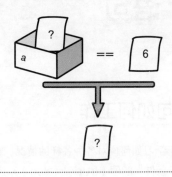

图 5-2 变量和条件

如果在条件中使用变量，判断会因为变量的值不同而产生不同结果。

请回忆在第 4 章中学习过的被称为赋值运算符的=符号的内容。虽然形状相似，但是 == 是不同种类的运算符（关系运算符）。这两个运算符，在实际写代码时非常容易出错。请特别注意区分该符号。

不要混淆 =（赋值运算符）和 ==（关系运算符）。

5.2 if 语句

了解 if 语句如何工作

本章的教学目的在于学习如何应对各种各样的情况。在 C++ 中根据情况执行处理的行为，就是**根据"条件"的值（true 或 false）来执行处理**。

这样的语句被称为条件判断语句（conditional statement）。首先来学习条件判断语句中的一类，if 语句（if statement）的语法。当条件为 true 时，if 语句将处理指定的语句，如图 5-3 所示。

> **语法** **if 语句**
>
> if（条件）
> 　　语句； ●──────── 当条件为 true 时进行处理

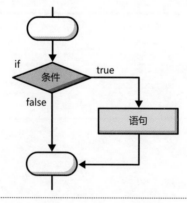

图 5-3　if 语句

当条件为 true 时，将处理指定的语句。当条件为 false 时，将不处理指定的语句，并进入下一个处理。

例如，将 5.1 节中的示例套用到 if 语句中，就会变成如下代码。

if（取得好成绩）
　去旅行

根据 if 语句的描述，如果条件（"取得好成绩"）为 true，就进行"去旅行"的处理。
如果取得了不好的成绩，就不进行"去旅行"的处理。

请结合实际编写代码，尝试执行 if 语句。

Sample1.cpp　使用 if 语句

```
# include <iostream>
using namespace std;

int main()
{
    int res;

    cout <<" 请输入整数。\n";

    cin >> res;              ❶ 读取从键盘输入的变量 res 的值

    if（res ==1）             ❷ 如果输入 1，则该条件为 true
    cout << " 输入了 1。\n";
    cout <<" 结束处理。\n";                  ❸ 判断该语句会被处理

    return 0;
}
```

Sample1 的执行画面（一）

请输入整数。
1 ⏎   因为输入了 1
输入了 1。
结束处理。   ❸ 的部分已被处理

在 Sample1 中，如果条件 res==1 为 true，则处理 ❸ 的部分；为 false 则不进行

处理。因此，当用户运行程序并输入 "1" 时，条件 res==1 为 true，❸ 的部分被处理，所以处理结果会显示在屏幕上。那么，用户输入 1 以外的数值会如何呢？

Sample1 的执行画面（二）

请输入整数。
10 ↵ ●——[因为输入了 1 以外的值]
结束处理。●———[❸ 的部分没有被处理]

　　如上所述，res==1 的条件变成 false，所以 ❸ 的部分不被处理。由此得知使用 if 语句，只有条件为 true 时才进行处理，如图 5-4 所示。

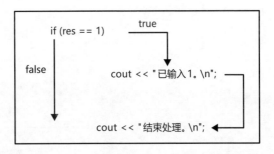

图 5-4 if 语句的流程

用 if 语句处理多个语句

　　在 Sample1 中，条件为 true 时，if 语句进行了对单个语句的简单处理。当 if 语句的条件为 true 时，也可以处理多个语句，如图 5-5 所示。如需使用该功能，利用 {} 编写程序块即可汇总多个语句，然后按程序块原则，逐句处理。

语法 处理多个语句的if语句

```
if（条件）{
    语句 1;
    语句 2;
    ...
}
```
当条件为 true 时，按顺序处理

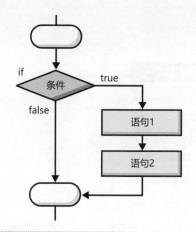

图 5-5 在 if 语句中处理多个语句

在 if 语句中, 可以处理一个程序块内的多个语句。

具体示例如下。

Sample2.cpp 使用处理多个语句的 if 语句

```
# inciude <iostream>
using namespace std;

int main()
{
    int res;

    cout <<" 请输入整数。\n";

    cin >> res;

    if ( res == 1 ) {          输入 1(条件为 true 时)

    cout <<" 已输入 1。\n ";
    cout <<" 已选择 1。\n ";     按顺序处理程序块
}

    cout <<" 结束处理。\n ";
```

```
    return 0;
}
```

Sample2 的执行画面（一）

因为输入 1 的情况下条件判断为 true，所以按顺序进行块内的处理并显示了两行字符串。如果输入了 1 以外的数值，块内的处理将不被执行，执行画面如下所示。

Sample2 的执行画面（二）

对比执行画面（一）中的结果，可以知道执行画面（二）中的执行结果并没有被处理。多个语句的 if 语句的处理流程如图 5-6 所示。

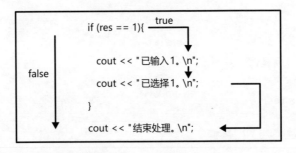

图 5-6　处理多个语句的 if 语句的流程

不使用程序块

如下代码虽然类似于 Sample2，但是请尝试执行并观察其结果。

```cpp
# include <iostream>
using namespace std;

int main()
{
    int res;

    cout <s" 请输入整数。\n";

    cin >> res;

    if (res==1)
        cout<<" 已输入 1。\n ";
        cout<<" 已选择 1。\n ";

    cout<<" 结束处理。\n ";

    return 0;
}
```

只有这个语句（❶）是 if 语句的内容

这个语句（❷）是 if 语句之外的处理

请输入整数。

2 ⏎

已选择 1。

结束处理。

显示出了奇怪的内容

　　由显示出的结果得知，该代码进行了计划外的处理。这是因为尽管用户试图使其完成适当的处理并描述了正确的语句，但是缺少使用 {} 来括住必要的内容，导致没有形成程序块，从而无法顺序处理相应内容，造成计算机认定 if 语句的内容只有❶。

　　为了避免这种情况的发生，应该适当使用缩进等，以便理解哪些是 if 语句中的语句，或者即使一个语句，也应当在程序块内编写，使编写出的代码易于阅读。

程序块内，通过缩进使代码易于阅读。

注意分号

在 if 语句中，请注意分号的位置。通常，在 if 语句的第一行记述条件并换行，此时第一行不需要分号。

```
if（res ==1）                    该行不需要分号
    cout <<" 已输入 1。\n ";      在这一行上添加分号
```

即使在第一行上误加了分号，编译器也不会提示错误信息，但执行时会出现不正常结束的情况，所以需要注意该问题。

5.3 if-else 语句

了解 if-else 语句如何工作

在 5.2 节中介绍了 if 语句只在条件为 true 时进行特定处理。接下来在本节中开始学习 if 语句的一种变体，即在条件为 false 的情况下执行特定处理的语句。这种情况被称作 if-else 语句。

 if-else 语句

```
if（条件）
    语句 1;
else
    语句 2;
```

在这个语句中，条件为 true 的情况下处理语句 1，为 false 的情况下处理语句 2。以本章 5.1 节的示例为例：

```
if（取得好成绩）
   去旅行
else
   再学习一遍
```

这次"取得好成绩"的条件为 false 时，进行特定的处理（"再学习一遍"）。另外，if-else 语句也可以用 {} 来括住多个语句并进行处理。语句结构如下所示。

语法　处理多个语句的if-else语句

```
if（条件）{
    语句1;
    语句2;
    ...
}
else{
    语句3;
    语句4;
    ...
}
```

当条件为 true 时，按顺序处理该段后续语句

当条件为 false 时，按顺序处理该段后续语句

在该语句中，条件为 true 时按"语句 1、语句 2……"的顺序处理，为 false 时按"语句 3、语句 4……"的顺序处理，如图 5-7 所示。

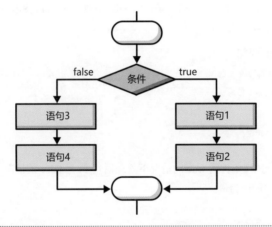

图 5-7　if-else 语句

在 if-else 语句中，条件为 true 和 false 时，分别进行不同的处理。该语句也可以处理块内的多个语句。

那么，试着使用 if-else 的语句，输入下面的代码。

Sample3.cpp　使用 if-else 语句

```
# include <iostream>
using namespace std;
```

Lesson
5

```
int main()
{
    int res;

    cout <<" 请输入整数。\n ";

    cin >> res;

    if ( res == 1 ) {
        cout <<" 已输入 1。n ";
    }
    else{
        cout <<"1 以外的数值被输入。\n ";
    }

    return 0;
}
```

❶ 如果输入了 1（条件为 true），即为处理对象

❷ 如果输入的不是 1（条件为 false），即为处理对象

Sample3 的执行画面（一）

请输入整数。
1 ⏎
已输入 1。

Sample3 的执行画面（二）

请输入整数。
10 ⏎
1 以外的数值被输入。

　　上述 Sample 执行画面中显示了用户输入 1 时和输入 10 时的两种结果。输入 1 之后是按照与之前相同的方式处理 ❶，除此以外的情况则按照 ❷ 处理。在 if-else 语句中，可以进行此类复杂的处理，如图 5-8 所示。

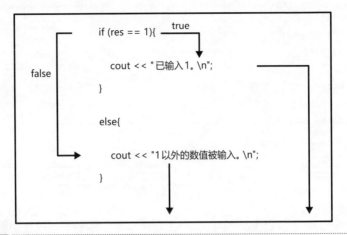

图 5-8 if−else 语句的流程

复句

　　复数语句在程序块中被称为复句。在 if 语句中，可以使用复句代替单句。在 C++ 中，只要是可以记述单句的地方，都可以记述复句。

5.4 if-else if-else 语句

了解 if-else if-else 语句如何工作

在 if 语句中，可以编写出判断 2 个以上条件的变体，即 if-else if-else 语句。使用该语句可以根据 2 个以上的条件进行判断。

语法 if-else if-else

```
if（条件1）{
    语句1;
    语句2;            当条件 1 为 true 时被处理
    …
}
else if（条件2）{
    语句3;
    语句4;            当条件 1 为 false 且条件 2 为 true 时被处理
    …
}
else if（条件3）{    可以同时列举多个类似的条件
    …
}
else{               当所有条件都为 false 时被处理
    …
}
```

在该句法中，当判断条件 1 为 true 时，按照"语句 1、语句 2……"的顺序进行处理。当判断条件 2 为 false，按照"语句 3、语句 4……"的顺序进行处理。当所有条件都为 false 时，则处理最后的 else 之后的语句。

以如下代码举例说明：

if（成绩为"优"）
　　去外国旅行
else if（成绩为"中"）
　　去国内旅行
else if（成绩为"差"）
　　再学习一遍

　　该语句能够进行复杂的处理。对 else if 进行多重条件的设定时，也**可以省略最后的 else**。如果省略最后的 else 语句，并且不符合所设定的任何条件，则在代码中将没有可执行的语句，如图 5-9 所示。

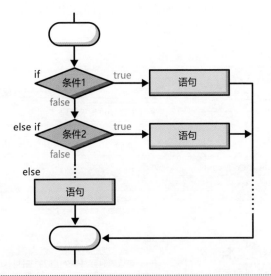

图 5-9　if-else if-else
　　　　if-else if-else 语句可以进行多个条件的处理。

使用该结构，可以根据多个条件进行处理。

那么，试着用该语句输入下面的代码。

Sample4.cpp　使用 if-else if-else

```
# include <iostream>;
```

```
using namespace std;

int main()
{
    int res;

    cout <<"请输入整数。\n ";

    cin >>res;

    if ( res ==1) {                    ❶ 在输入 1 的情况下进行处理
        cout <<" 已输入 1。\n ";
    }
    else if ( res = 2) {
        cout <<" 已输入 2。\n ";
    }                                  ❷ 在输入 2 的情况下进行处理
    else{
        cout <<" 请输入 1 或 2。\n ";
    }                                  ❸ 输入 1 和 2 以外的数值时进行处理

    return 0;
}
```

Sample4 的执行画面（一）

请输入的整数。
1 ⏎
已输入 1。

Sample4 的执行画面（二）

请输入整数。
2 ⏎
已输入 2。

Sample4 的执行画面（三）

请输入整数。

3 ⏎
请输入 1 或 2。

当输入 1 时，第一个条件判断为 true，因此进行 ❶ 的处理，其他部分不处理。

当输入 2 时，因为第一个条件判断为 false，所以进入下一个条件的判断。第二个条件为 true，因此进行 ❷ 的处理。

在输入 1 和 2 以外的情况下（第一个和第二个条件都判断为 false），❸ 一定会被处理。

如此，使用 if-else if-else 语句，就可以判断多个条件，从而进行复杂的处理，如图 5-10 所示。

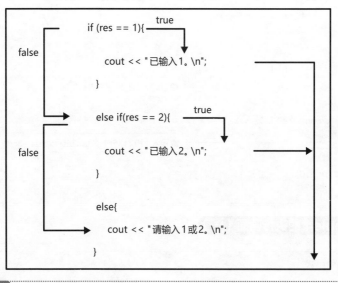

图 5-10 if-else if-else 的流程

5.5　switch 语句

 ## 了解 switch 语句如何工作

在 C++ 中，还存在和 if 语句的原理一致的其他根据条件控制处理的语句，该语句被称为 switch 语句（switch statement）。switch 语句的结构如下所示。

 语法　switch 语句

```
switch（表达式）{
    case 值 1；
        语句 1；          ● ── 当表达式判断值为 1 时，进行处理
        …
        break；
    case 值 2；
        语句 2；          ● ── 当表达式判断值为 2 时，进行处理
        …
        break；
    default：
        语句 D；          ● ── 当任何一个表达式的判断值都不符合时，会被此句处理
        …
        break；
}
```

在 switch 语句中，如果表达式的值与 case 后的值一致，则执行随后的语句一直到 "break" 为止。如果没有符合的值存在，则执行 "default:" 后的语句。"default:" 也可以省略。

以下为使用 switch 语句的示例。

```
switch（成绩）{
    case 优：
        去国外旅行。
        break;
    case 良：
        去国内旅行。
        break;
    case 差：
        再学习一遍
        break;
}
```

在该 switch 语句中，根据成绩好坏会进行各种处理。该语句和 if-else if-else 的工作原理是一样的。使用 switch 语句，有时可以更加容易地达到与 if-else if-else 语句相同的功能，如图 5-11 所示。

 重要 使用 switch 语句，有时可以更加容易地达到与 if-else if-else 语句相同的功能。

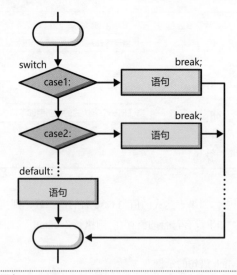

图 5-11 switch 语句
使用 switch 语句也可以根据多个条件进行处理。

一起来看一个使用 switch 语句的示例。

Sample5.cpp　使用 switch 语句

```
# include <iostream>
using namespace std;

int main()
{
    int res;

    cout <<" 请输入整数。\n ";

    cin>> res

    switch ( res ){
        case 1:                    在输入 1 的情况下进行处理
            cout <<" 已输入 1。\n ";
            break;
        case 2:                    在输入 2 的情况下进行处理
            cout <<" 已输入 2。\n ";
            break;
        default:                   输入 1 和 2 以外的值时进行处理
            cout <<" 请输入 1 或 2。\n ";
            break;
    }
    return 0;
}
```

上述代码可以判断变量 res 的值，与 Sample4 中的 if-else if-else 进行完全相同的处理，执行结果也是一样的。

使用 switch 语句可以更简洁地编写特定情况下具有多个条件的相对复杂的 if-else if-else 语句。但是，switch 语句的判断值表达式（这里是变量 res）必须是整型。

 # 缺少 break 语句会如何

在处理 switch 语句时，有几个注意事项。请查看如下代码。该代码从 Sample5

的代码中去除了 break 语句。

```cpp
# include <iostream>
using namespace std;

int main()
{
    int res;

    cout <<" 请输入整数。\n ";

    cin >> res;

    switch（res）{
        case 1:
            cout <<" 已输入 1。\n ";
        case 2:
            cout <<" 已输入 2。\n ";
        default:
            cout <<" 请输入 1 或 2。\n ";
    }

    return 0;
}
```

没有 break 语句的 switch 语句

执行上述代码，会显示如下结果。

```
请输入整数。
1 ⏎
已输入 1。
已输入 2。
请输入 1 或 2。
```

输出不正确的运行结果

在该代码中，当输入 1 时，"case 1:"后的语句全部被执行了，所以输出了不正确的执行结果。

break 语句**具有强制断句的作用**。因此，在 switch 语句中，出现 break 语句时或者直到程序块结束为止，程序块中的语句遵循依次被处理的顺序，所以如果在不正确的位置放入 break 语句会出现不正确的处理结果。

　　请注意，即使忘记写 break 语句或放错位置，编译器也不会出现错误提示。break 语句将在第 6 章进行学习。

重要

> 注意 switch 语句在 break 语句中的位置。

5.6 逻辑运算符

 了解逻辑运算符如何工作

目前为止前书中已经出现了使用各种条件的条件判断语句。设想在这样的语句中，如果可以编写更复杂的条件，那么后续处理是否也会变得更加便利。请看如下示例。

成绩是"优"，并且预算宽裕……
➡去国外旅行

该情况下的条件部分，要比 5.1 节所举出的示例更加复杂。如果想用 C++ 代码来描述此类复杂的条件，可以使用**逻辑运算符**（logical operator）。逻辑运算符具有可以进一步评估条件以判断所需值的 true 或 false 的作用。

使用逻辑运算符记述上述条件，如下所示。

（成绩为"优"）& &（预算宽裕）

&& 运算符是在两边条件都为 true 的情况下，将全体值设为 true 的逻辑运算符。在这种设定下，满足"成绩为优"并且"预算宽裕"，该条件被判断为 true。如果其中一方不成立，则整体条件判断为 false，从而语句不成立。

逻辑运算符的判断方式见表 5-2。

表 5-2　逻辑运算符

运算符	判断为 true 时	判断		
		左	右	全体
&&	左边和右边都为 true 时	false	false	false
		false	true	false
		true	false	false
		true	true	true

左边: true　右边: true

运算符	判断为 true 时	左	右	全体
||	左边和右边的其中一边为 true 时	false	false	false
		false	true	true
		true	false	true
		true	true	true

左边: true　右边: true

运算符	判断为 true 时	右	全体
!	右边为 true 时	false	true
		true	false

右边: true

接下来，请查看使用逻辑运算符的具体代码。

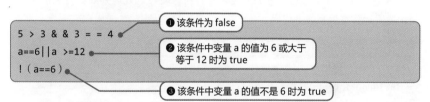

```
5 > 3 & & 3 = = 4      ❶ 该条件为 false
a==6||a >=12           ❷ 该条件中变量 a 的值为 6 或大于
                          等于 12 时为 true
!（a==6）               ❸ 该条件中变量 a 的值不是 6 为 true
```

　　使用 && 运算符的语句，只有在左边和右边都为 true 时，整体才为 true。由此得知，条件 ❶ 的值为 false。

　　使用 ‖ 运算符的语句，当左边或右边的某一方值为 true 时，则整个式子为 true。由此得知，在该条件下，如果变量 a 中的值为 6 或 13，则为 true。另外，如果 a 是 5，则为 false。

　　使用 ! 运算符的语句，是取一个操作数的一元运算，该语句在操作数被判断为 false 时为 true。因此当第一个条件变量 a 不是 6 时判断结果为 true。

　　具体运算如图 5-12 所示。

使用逻辑运算符可以组合单项条件以编写更复杂的条件。

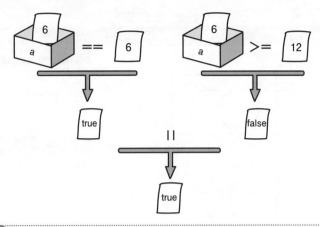

图 5-12 逻辑运算符

逻辑运算符 true 值或 false 值进行运算。

 ## 判断复杂的条件

运用学习过的 if 语句，再加上逻辑运算符，就可以处理判断更复杂的条件。使用逻辑运算符编写如下代码。

Sample6.cpp　使用逻辑运算符来描述条件

```cpp
# include <iostream>
using namespace std;

int main()
{
    char res;

    cout <<" 你是男性吗 ?\n ";
    cout <<" 请输入 Y 或 N。\n ";

    cin >> res;

    if(res =='Y'|| res =='y') {
        cout <<" 你是男性。\n "        ←── 当输入 Y 或 y 时，进行处理
    }
```

```
        else if (res =='N'||res =='n') {
            cout <<" 你是女性。\n "                    当输入 N 或 n 时，进行处理
        }
        else{
            cout <<" 请输入 Y 或 N。\n ";
        }
                                                当输入 Y、y、N、n 以外的内容时，进行处理

        return 0;
}
```

Sample6 的执行画面（一）

你是男性吗？
请输入 Y 或 N。
y ⏎
你是男性。

Sample6 的执行画面（二）

你是男性吗？
请输入 Y 或 N
n ⏎
你是女性。

　　Sample6 中处理了从键盘输入的字符。字符存在 Y 和 y 这样的大小写英文字母，这里因为不希望区分大写和小写，所以在 Sample6 的 if 语句的条件中尝试使用了逻辑运算符 ||。另外，请注意文字需要使用 ' ' 引起来。

　　如果使用 || 运算符来描述条件，可以在输入 Y 或 y 时执行相同的处理。

按位逻辑运算符

　　C++ 中使用二进制表示数值的位数（位）之间的运算符被称为 "按位逻辑运算符"。

　　按位逻辑运算符是指对于用二进制显示的 1 个或 2 个数值的各个位数进行返回 0 或 1 的操作。

　　例如，如果两个数值的位数都是 1，则按位与逻辑运算符将用 1 来显示，除此以外的位数显示为 0。

使用 short int 型的数值进行"5&12"的运算，计算结果的数值是 4，如下所示。

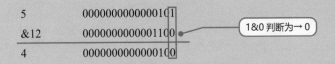

```
5        0000000000000101
&12      0000000000001100    ●────── 1&0 判断为→ 0
4        0000000000000100
```

这些种类的运算符的用法总结于表 5-3 中。按位逻辑运算符是对整型的值进行运算的运算符。请注意，这与通过判断 true 或 false 从而进行运算的逻辑运算符有所不同。

表 5-3　按位逻辑运算符

运算符	位数为 1 时	判断		
&	左边和右边的位数都为 1 时	左	右	全体
		0	0	0
		0	1	0
		1	0	0
		1	1	1
|	左边和右边的其中一边的位数为 1 时	左	右	全体
		0	0	0
		0	1	1
		1	0	1
		1	1	1
^	左边和右边的位数不同时	左	右	全体
		0	0	0
		0	1	1
		1	0	1
		1	1	0
~	右边的位数为 0 时		右	全体
			0	1
			1	0

了解条件运算符如何工作

对于简单条件的判断，不使用 if 语句也可以使用条件运算符（conditional operator）中的"?:"来编写。请看下面的代码。

```cpp
# include <iostream>
using namespace std;

int main()
{
    int res;
    char ans;

    cout <<"选择第几条路线?\n ";
    cout <<"请输入整数。\n ";

    cin >> res;

    if（res == 1）
        ans = ' A ';
    else
        ans='B';
    cout <<"选择了路线 "<< ans <<"。\n ";

    return 0;
}
```

使用 if 语句来判断条件

该代码使用 if 语句在当 res==1 为 true 时，将字符 A 赋值给变量 ans，否则将字符 B 赋值给变量 ans。这样的简单条件判断也可以使用条件运算符"?:"代替，如下述方式编写。

Sample7.cpp 条件运算符

```cpp
# include <iostream>
using namespace std;

int main()
```

```
{
    int res;
    char ans;

    cout <<"选择第几条路线？\n ";
    cout <<"请输入整数。\n ";

    cin >> res;

    ans=（res==1）? 'A' : 'B';

    cout <<"选择了路线 "<< ans <<"。\n ";

    return 0;
}
```

用条件运算符代替了 if 语句

Sample7 的执行画面

选择第几条路线？
请输入整数。
1 ⏎
选择了路线 A。

此处可以看出使用条件运算符比 if 语句更加简单明了。

总结一下条件运算符 "?:" 的使用方法。

 条件运算符

条件? 为 true 时代入表达式 1: 为 false 时代入表达式 2

条件运算符由 3 个操作数组成，整个表达式的值在条件判断为 true 时，为表达式 1 的值，在条件为 false 时为表达式 2 的值，如图 5-13 所示。

当 res==1 为 true 时，Sample7 的表达式值为 A，否则为 B。也就是说，其中某个值会被代入变量 ans。

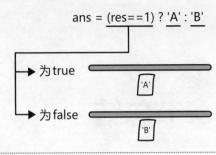

图 5-13　条件运算符

条件运算符根据开头记述的条件的值来决定表达式的值。

使用条件运算符可以应对简单条件的处理。

5.7 章节总结

通过本章，读者学习了以下内容。

- 使用关系运算符创建条件。
- 使用 if 语句可以处理相应条件。
- 使用 if 语句的相关形态可以处理各种各样的条件。
- 使用 switch 语句可以对表达式的值进行相应的处理。
- 使用逻辑运算符可以创建复杂的条件。
- 使用条件运算符 ?: 可以对简单的条件进行处理。

使用 if 语句或 switch 语句可以对相应条件进行处理，并编写出对应各种情况的灵活代码。在第 6 章中将学习循环语句，熟练掌握便可以记述更加强有力的代码。

练习

1. 请从键盘输入整数值，根据情况编写可以输出如下信息的代码。

   当值为偶数时————"○是偶数。"

   当值是奇数时————"○是奇数。"

   （○处为输入的整数）

   > 请输入整数。
   > 1 ↵
   > 1是奇数。

2. 从键盘输入两个整数值，根据情况编写可以输出如下信息的代码。

   值相同的情况————"两个数为相同的值。"

   除此以外的情况————"× 比○的值大。"

   （○和 × 处为输入的整数。○＜×）

   > 请输入两个整数。
   > 1 ↵
   > 3 ↵
   > 1比3大。

3. 从键盘输入1~5的5个阶段的成绩，根据成绩编写可以输出如下信息的代码。

成　绩	信　息
1	成绩为 1。请再努力一些。
2	成绩为 2。再加油一下。
3	成绩为 3。还可以更好。
4	成绩为 4。做得很好。
5	成绩为 5。非常优秀。

第6章

反复循环

第 5 章中学习了和条件有关的内容，包括根据不同条件作出相应处理的语句。除此之外，C++ 还有控制语句的功能，称为"循环语句"。使用循环语句，能够多次反复执行同一步骤。本章开始就来学习循环语句的相关知识。

Check Point

- 循环语句
- for 语句
- while 语句
- do-while 语句
- 语句嵌套
- break 语句
- continue 语句

6.1 for 语句

了解 for 语句的构造

第 5 章中学习了利用条件的值控制语句的方法。除此之外，C++ 还能进行更复杂的处理。例如，试想如下情景。

直到通过考试……
  ➡一直参加考试

人们在日常生活中也会一直进行"循环处理"，如早起、刷牙、吃早饭、去学校……生活就是由这些事情的循环往复而构成的。

在 C++ 中，这种处理方式可以用"循环语句"的结构来记述。循环语句有 for 语句、while 语句、do–while 语句三种。

本章先按顺序学习 for 语句。下面来看看 for 语句的结构。

语法 **for 语句**

> for(初始条件表达式 1; 循环控制条件表达式 2; 变量调整表达式 3)
>   语句 ; ———————————————┐
>   循环该语句

关于 for 语句处理方式的详细步骤，后面需要结合实例学习，故在此只介绍其原始形式。

另外，同 if 语句一样，for 语句中也能同时并存多个语句，这种情况同样只需用 { } 括起来，形成程序块即可，如图 6–1 所示。

语法 **for 语句**

for(初始条件表达式 1; 循环控制条件表达式 2; 变量调整表达式 3){
　　语句 1;
　　语句 2;　　　⎤── 将方框中的内容按顺序进行循环操作
　　…
}

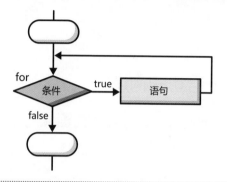

图 6-1 for 语句

使用 for 语句可以进行循环处理。

在 for 语句中使用程序块，则可以对括号内的语句 1、语句 2……进行循环处理。

下面，试着用 for 语句进行实际操作。

Sample1.cpp 使用 for 语句

```
# include <stdio.h>
using namespace std ;

int main ( )
{
    for (int  i=1; i<=5; i++) {          变量逐个递增，直到 i < =5 时判断 false
        cout  <<" 进行循环。\n";          该语句被重复
    }

    cont  <<" 结束循环。\n";
```

```
    return  0;
}
```

Sample1 的执行画面

```
进行循环。
进行循环。
进行循环。
进行循环。
进行循环。
结束循环。
```

在 for 语句中，为了计算循环次数，会使用变量。比如在该例代码中就使用了变量 i，然后按照如下顺序进行处理。

 ❶ 根据表达式 1，初始化变量 i

❷ 若表达式 2 条件为 ture，执行程序块中的语句，然后执行表达式 3

 ❸ 持续循环直到表达式 ❷ 条件为 false

也就是说，设置变量 i 的初始值为 1，在条件 i<=5 为 false 之前，反复执行 i++ 操作，然后执行输出的"循环"语句。

想要理解 for 语句，试想如下情景可能会更好理解。

```
for(int  i=1; i<=5; i++){
    参加考试
}
```

执行该 for 语句，表示在变量 i 由 1 至 5 递增的过程中反复参加考试。也就是共反复参加了 5 次考试。

使用 for 语句可以记述循环处理。

在循环中使用变量

在 Sample1 中，每进行一次循环画面都会提示文字。这时，若循环次数也能用文字形式表现就更方便了。接下来就试着输入下面的代码。

Sample2.cpp　输出循环次数

```
# include <iostream>
using namespace std;

int main()
{
    for(int i=1; i<=5; i++){
        cout <<" 第 "<< i <<" 次循环。\n";
    }                                        在循环处理中使用变量 i

    cout <<" 循环终止。\n";

    return  0;
}
```

Sample2 的执行画面

```
第 1 次循环。
第 2 次循环。
第 3 次循环。        每次循环值都会递增
第 4 次循环。
第 5 次循环。
循环终止。
```

在循环语句中，还可以输出变量 i 的值以表示循环次数。运行此代码，程序块内变量 i 的值逐个增加，这样一眼就能看出循环正在进行，以及执行到第几次循环。

例如，请看以下示例。

for(int i=1; i<=5; i++){

参加科目 i 的考试
}

该语句表示，从科目 1 到科目 5 共参加了 5 次考试。用简单的代码去记述复杂的程序，即使参加考试科目增多也能轻松应对。在这种循环语句中使用变量，就能创造出多样化的程序。

然而在 for 语句中声明的变量 i 只能在该 for 语句中输出，不能在 for 语句的循环外使用。若想在循环以外使用，需在 for 语句开始前声明一个变量 i。

```
int i;                    若在 for 语句开始前声明变量 i
for( i=1; i<5; i++){
    cout << "第 "<< i  <<" 次循环。\n";
}
    cout << " 已循环 "<<  (i-1)  <<" 次。\n";
                          那么 for 循环语句以外也能使用变量 i
```

在 for 循环语句中使用变量，可以表示循环次数等。

for 语句的应用

接下来，试着编写几个使用 for 语句的程序。请输入如下代码。

Sample3.cpp 只输出初始输入的数值

```
# include <stdio.h>
using namespace std;

int main ( )
{
    int num;

    cout  <<" 输出几个 * ? \n";        输入数字
```

```
    cin >> num;

    for(int  i=1; i<=num; i++){
        cout << "*";
    }
    cout <<"\n";

    return 0;
}
```

根据输入数字输出

Sample3 的执行画面

```
输出几个＊？
10 ↵
**********
```

执行该程序，就能输出与输入数字相应数量的＊。这是使用 for 语句对＊进行了相应次数循环的结果。若把＊的部分换成其他文字，同样可以输出很多符号和文字。

接下来，试着编写一个程序，实现从 1 至输入数字的求和。

Sample4.cpp 从 1 至输入数字的求和

```
# include <iostream>
using namespace std;

int main ( )
{
    int num;
    int sum = 0;

    cout <<" 求 1 至几的和？ \n";
    cin >> num;

    for ( int  i=1; i<=num; i++ ) {
        sum += i;
    }
```

输入数字

直至 i 变为输入数字为止，不断循环叠加求和

```
    cout  <<" 从 1 至 "<< num << " 的求和为 " << sum <<"。\n";

    return  0;
}
```

Sample4 的执行画面

求 1 至几的和?
10 ↵
从 1 至 10 的求和为 55。

1 至输入数字的求和结果

这里也一样,程序至输入数字为止一直进行循环操作。

for 语句中,需注意变量 sum 加上变量 i 的值这一点。变量 i 从 1 开始逐个递增,这种循环操作可以求出 1 到输入数字的总和,如图 6-2 所示。

sum		i		新的 sum 值	
0	+	1	=	1	第 1 次循环
1	+	2	=	3	第 2 次循环
3	+	3	=	6	第 3 次循环
6	+	4	=	10	第 4 次循环
⋮					⋮
45	+	10	=	45	第 10 次循环

图 6-2 循环操作

6.2 while 语句

了解 while 语句的构造

C++ 中，还有和 for 语句一样能够对指定内容进行循环操作的结构，while 语句 (while statement) 就是其一。

语法 while 语句

```
while( 条件 ){          ●————  如果条件为 true
    语句；————  对括号中的内容进行循环处理
    ...
}
```

while 语句中，只有条件为 true 时，才能对指定内容进行循环处理。

从本章开头参加考试的示例来看，while 语句可以表示为如下结构。

```
while( 考试不合格 ){
    参加考试
}
```

该 while 语句中，在 "考试不合格" 这一条件为 false 之前，要一直参加考试。在执行循环处理之前，要先判断考试是否合格，如果合格，则不用再执行 "参加考试" 这一项。请结合图 6-3 把握该循环处理的要义。

Lesson
6

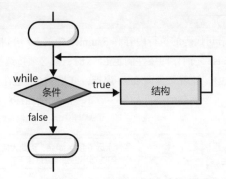

图 6-3 while 语句

使用 while 语句，在条件为 false 之前，都可以进行循环处理。

试着编写使用 while 语句的代码。

Sample5.cpp 使用 while 语句

```cpp
# include <stdio.h>
using namespace std;

int  main ( )
{
    Int   i = 1;
    while ( i <= 5 ) {
        cout  <<" 第 "<< i << " 次循环。\n";
        i++;
    }
    cout  << " 循环终止。\n";

    return  0 ;
}
```

如果条件为 ture

大括号中的内容被有序循环

随着条件向 false 逼近，i 值递增

Sample5 的执行画面

```
第 1 次循环。
第 2 次循环。
第 3 次循环。
第 4 次循环。
第 5 次循环。
```

循环终止。

其实该 while 语句代码的执行内容和 Sample2 中的 for 语句是完全一样的，因为在条件 i<=5 为 false 之前，即条件满足 i<=5 时，都必须持续循环操作。

在上述程序块中，随着条件向 false 逼近，变量 i 的值也在递增。一般循环语句中，用于判断是否要循环的条件如果一直不变，那么循环将一直持续下去。请看以下示例。

```
int  i  =  1 ;
while ( i  <=  5) {
    cout  < <"第" << i  << "次循环。\n";
}
```

条件永远不会为 false，因此大括号内的循环也会一直持续下去

该代码中，因为 while 语句的条件中没有"i++"这样用于给变量 i 增值的语句，所以 while 语句的条件不会为 false。执行这样的程序时，while 语句中的内容会一直循环下去，程序也永远不会终止。因此在说明条件时要十分注意。

使用 while 语句可以记述循环处理。
注意循环语句条件的说明。

条件说明的省略

现在，先介绍一下 if 语句和 while 语句中经常出现的条件写法。请看如下代码，判断这究竟是一个怎样的程序呢？

Sample6.cpp　惯用条件的使用

```
# include < stdio.h >
using namespace std ;

int  main ()
{
    int  num  = 1;

    while (num) {
        cout  << "输入整数。( 数字为 0 时终止 )\n";
```

输入数字为 0 时（条件为 false 时），循环终止

```
    cin >> num;
    cout << num <<" 被输入。\n";
  }

  cout <<" 循环终止。\n";

  return 0 ;
}
```

Sample6 的执行画面

```
输入整数。（数字为 0 时终止）
1 ↵
1 被输入。
输入整数。（数字为 0 时终止）
10 ↵
10 被输入。
输入整数。（数字为 0 时终止）
5 ↵
5 被输入。
输入整数。（数字为 0 时终止）
0 ↵
0 被输入。
循环终止。
```

在该代码中，输入的整数被循环输出。该循环在用户输入 0 时终止。

那么，请注意看此代码中 while 语句的条件。

```
while(num){
...
```
　　　　数字为 0 时，while 循环语句终止

如第 5 章中所述，整数的值被转换为 ture 或 false。因此，这里 int 型的变量
数值在 0 以外都为 ture，为 0 时就转化成 false 了。

也就是说，在 while 语句中 "数字为 0 时"，即用户输入 0 时，条件为 false，
循环语句终止。while 语句的循环处理只在输入数字为 0 以外的值时进行。

```
while(num  != 0){
...
```
　　　　数字为 0 时，while 循环语句终止

此处巧妙地使用了相关运算符来判断输入数值是否为 0。

反之，数值为 0 以外则终止循环的条件也经常使用。这种条件的书写方式如下所示。

```
while(!num){
……
```
数字为 0 以外的值时，while 循环语句终止

！是表示否定的逻辑运算符。该条件和如下条件表达的是同一个意思。

```
while(num == 0){
……
```
数字为 0 以外的值时，while 循环语句终止

6.3 do-while 语句

 了解 do-while 语句的构造

接下来看看另一个可以进行循环处理的语句。这里要介绍的是 do-while 循环语句 (do-while statement)。该语句是在最后指定条件为 ture 时，进行括号内的循环处理。

语法 do-while 语句

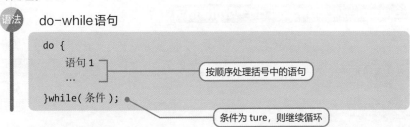

```
do {
    语句 1
    ...
}while( 条件 );
```

按顺序处理括号中的语句

条件为 ture，则继续循环

do-while 语句和 while 语句的区别在于，do-while 语句**先执行括号内的循环语句，再判断表达式条件是否为 ture**。while 语句是若循环开始前条件就为 false，则永远不执行循环。因此 do-while 语句至少要进行一次循环，如图 6-4 所示。

我们用 do-while 语句改写 6.2 节 while 语句时所用的"参加考试"示例。

```
do {
    参加考试
}while( 考试不合格 );
```

同 while 语句一样，该语句也是能够实现循环参加考试的语句。但不同的是，即使在循环开始之前考试就已经合格了，也要最少参加一次考试。

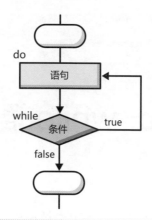

图 6-4 do-while 语句

while 语句在循环开始前判断条件，而 do-while 语句在进行一遍循环之后才判断条件。

下列是用 do-while 语句改写的 Sample5 代码。

Sample7.cpp　使用 do-while 语句

```cpp
# include <iostream>
using namespace std;

int main()
{
    int i = 1;

    do{
        cout << "第 "<< i << " 次循环。\n";    循环该部分语句
        i++;
    }while(i <= 5);    若i<=5, 则循环终止

    cout  <<" 循环终止。\n";

    return  0;
}
```

Sample7 的执行画面

第 1 次循环。
第 2 次循环。
第 3 次循环。
第 4 次循环。
第 5 次循环。
循环终止。

此处虽然使用了 do-while 语句，但执行步骤和 Sample5 是一样的。因此会出现执行过程相同却能写出不同循环语句的情况。请练习用多种方法编写代码。

重要

使用 do-while 语句可以循环处理，且最少执行一次循环体。

程序的结构

如第 1 章所述，程序流程基本按排列顺序依次执行。一般这种结构被称为顺序结构。但还有像 if 语句、switch 语句这样要进行条件判断的结构，其被称为选择结构 (条件分支)。而 while 语句和 do-while 语句这样需要多次循环的结构被称为循环结构。三种程序结构如图 6-5 所示。编写程序时，思考如何将这些基本结构组合运用起来是十分关键的。

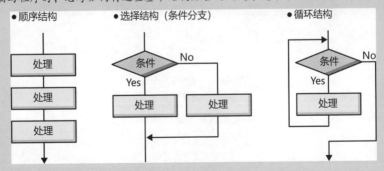

图 6-5　三种程序结构

6.4 语句嵌套

for 语句的嵌套

至今为止已经学过多种结构的语句。在这些条件判断语句、循环语句等结构中，其实还能嵌入多个语句，如图 6-6 所示。例如，在 for 语句中使用 for 语句的复杂结构，如下所示。

语法 for 语句的嵌套

```
for( 语句 1-1; 语句 2-1; 语句 3-1){
    …
    for( 语句 1-2; 语句 2-2; 语句 3-2){
        …
    }
}
```

可以嵌入 for 语句

```
for(    ){

    for(    ){

    }

}
```

图 6-6　语句嵌套

for 语句等结构的语句能够通过嵌套式进行记述。

请看 for 语句循环嵌套的代码示例。

Sample8.cpp for 语句循环嵌套

```
# include  <iostream>
using  namespace  std;

int  main()
{
    for(int  i=0; i<=5; i++){
        for(int  j=0; j=3; j++){
            cout  <<"i 为 "<< i <<" :j 为 "<< j <<"\n";
        }
    }

    return  0;
}
```

for 语句被嵌套

Sample8 的执行画面

i 为 0 : j 为 0
i 为 0 : j 为 1 ── 外部循环每执行 1 次，
i 为 0 : j 为 2 ── 内部循环执行 3 次
i 为 1 : j 为 0
i 为 1 : j 为 1
i 为 1 : j 为 2
i 为 2 : j 为 0
i 为 2 : j 为 1
i 为 2 : j 为 2 ── 外部循环总共执行 5 次
i 为 3 : j 为 0
i 为 3 : j 为 1
i 为 3 : j 为 2
i 为 4 : j 为 0
i 为 4 : j 为 1
i 为 4 : j 为 2

该代码在变量 i 增值的 for 语句中嵌入了变量 j 增值的 for 语句，使其成为循环嵌套结构。因此在循环中执行了以下步骤。

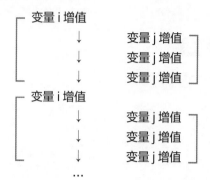

也就是说，每执行一次使 i 增值的循环语句，都会重复执行使 j 增值的循环语句（3 次）。像这样嵌套语句，可以实现更加复杂的操作。

使用 for 语句的嵌套，能够实现多层循环。

与 if 语句等组合使用

除了在 for 语句中嵌入 for 语句，不同种类的语句也可以组合在一起使用。例如，for 语句还可以和 if 语句进行组合。

请尝试编写下列程序。

Sample9.cpp　与 if 语句等组合使用

```cpp
# include <iostream>
using namespace std;

int  main()
{
    int  ch = 0;
    for(int  i=0; i<5; i++){          ← for 语句被嵌入
        for(int  j=0; j<5; j++){
            if(ch == 0){
                cout  <<"*";
                ch = 1;               ← 输出 * 后，再输出 −，设 ch 为 1
```

```
            }
            else{
                cout  <<"-";
                ch = 0;
            }
        }
        cout  << "\n";
    }

    return  0;
}
```

输出 – 后，再输出 *，设 ch 为 0

内部循环结束后换行

Sample9 的执行画面

```
*_*_*
_*_*_
*_*_*
_*_*_
*_*_*
```

　　该代码使用了两个 for 语句和一个 if 语句。每输出一个 * 或 –，变量 ch 就交替代入 0 和 1。这样，可以直接通过判断 if 语句中 "ch==0" 这一条件是否被满足来确定接下来要输出哪个字符。

　　内部循环结束后，用 \n 换行，因此每输出 5 个字符就要换一次行。请试着思考在代码中改变或增加文字种类。

6.5 更改程序流程

 了解 break 语句的结构

通过目前所学，对循环语句普遍的处理流程有了一定的了解。但是，可能偶尔也会发生需要强行更改程序流程的情况。

C++ 中更改程序流程的语句有 break 语句和 continue 语句。本节先学习 break 语句。

break 语句 (break statement) 是用来**强行终止流程，跳出程序块**的语句。代码记述如下所示。

> 语法 **break语句**
>
> ```
> break;
> ```

下列代码中将使用 break 语句，强行终止指定次数的循环。

Sample10.cpp 用 break 语句跳出程序块

```
# include <stdio.h>
using namespace std;

int  main()
{
    int  res;
    cout  <<" 在第几次终止循环？ (1~10)\n";

    cin  >>  res;

    for(int  i=1; i<=10; i++){
```

> 原本是要执行 10 次循环的 for 语句

```
    cout  <<"第"<< i <<"次循环。\n";
    if(i == res)
        break;
}

return  0;
}
```

在指定次数终止循环

Sample10 的执行画面

```
在第几次终止循环? (1~10)
5 ⏎
第 1 次循环。
第 2 次循环。
第 3 次循环。
第 4 次循环。
第 5 次循环。
```

在指定次数终止循环

Sample10 中使用了原本要进行 10 次循环的 for 语句。但该段代码执行了输入次数的 break 语句，强行终止了循环。因此，第 6 次及之后的循环都不被执行。

另外，当循环语句嵌套使用时，在内部循环中使用了 break 语句，那么将直接跳出内部循环，执行外部循环，如图 6-7 所示。

重要　使用 break 语句能够脱离当前程序块。

```
for(int i=1; i<=10; i++){
    cout <<"第" << i << "次循环。\n";
    if(i == res)
        break;

}
```

图 6-7　break 语句
使用 break 语句可以跳出当前程序块并强行终止循环处理。

在 switch 语句中使用 break 语句

在第 5 章介绍 switch 语句时就曾使用过 break 语句。当时所用的 break 语句和本节所介绍的 break 语句是相同的。在 switch 语句中应用 break 语句，可以实现如下操作。

Sample11.cpp　在 switch 语句中使用 break 语句

```cpp
# include  <iostream>
using  namespace  std;

int  main()
{
    int  res;

    cout  <<" 请输入成绩。(1~5)\n";

    cin  >>  res;

    switch(res){
        case 1 :
        case 2 :
            cout  <<" 再努力一点吧。\n";
            break;
        case 3 :
        case 4 :
            cout  <<" 保持劲头，继续努力。\n";
            break;
        case 5 :
            cout  <<" 太优秀了。\n";
            break;
        default :
            cout  <<" 请输入 1~5 的成绩。\n";
            break;
    }

    return  0;
}
```

当 res 为 1 或 2 时，该语句可执行

请注意 break 语句插入的位置

当 res 为 3 或 4 时，该语句可执行

Sample11 的执行画面（一）

请输入成绩。(1~5)
1 ↵
再努力一点吧。

Sample11 的执行画面（二）

请输入成绩。(1~5)
2 ↵
再努力一点吧。

Sample11 的执行画面（三）

请输入成绩。(1~5)
3 ↵
保持劲头，继续努力。

　　Sample11 是一个根据输入不同整数成绩来表达相应信息的程序。请注意代码中 break 语句插入的位置。case1 和 case3 中没有 break 语句，所以分别与 case2 和 case4 的执行过程一样。因此，break 语句的插入位置可以控制程序走向。

了解 continue 语句的结构

　　另一个能够强制更改程序流程的语句就是 continue 语句 (continue statement)。continue 语句是使程序跳出循环处理，回到循环体开头并继续执行下一次循环的语句。

 continue语句

```
continue;
```

接下来，请看如下使用 continue 语句的代码。

Sample12.cpp　使用 continue 语句回到程序块开头

```
# include <iostream>
using namespace std;
```

```
int main()
{
    int   res;

    cout  <<"跳过第几次循环？(1~10)\n";

    cin  >>  res;

    for(int  i=1; i<=10; i++){
        if(i  ==  res)
            continue;
        cout   << " 第 "<< i  <<" 次循环。\n";
    }

    return  0;
}
```

从输入的循环次数中跳出，回到循环体开头

输入的次数在该语句中不予执行

Sample12 的执行画面

跳过第几次循环？(1~10)
3 ⏎
第 1 次循环。
第 2 次循环。
第 4 次循环。
第 5 次循环。
第 6 次循环。
第 7 次循环。
第 8 次循环。
第 9 次循环。
第 10 次循环。

第 3 次循环处理在 continue 语句之后被跳过，因此不显示

执行 Sample12，试着输入了 "3" 作为需要跳过的循环次数。于是，第 3 次循环处理在 continue 语句执行之后被强行终止，程序回到循环体的开头，继续执行下一次循环，如图 6-8 所示。因此，此处不显示执行 "第 3 次循环"。

使用 continue 语句能够直接跳到下一次循环。

```
for(int i=1; i<=10; i++){

  if(i == res)
    continue;
  cout << "第" << i << "次循环。\n";

}
```

图 6-8 continue 语句

想要跳过循环中的语句，直接执行下次循环，就使用 continue 语句。

6.6 章节总结

通过本章，读者学习了以下内容。

- 使用 for 语句可以进行循环处理。
- 使用 while 语句可以进行循环处理。
- 使用 do-while 语句可以进行循环处理。
- 语句可以相互嵌套（组合）使用。
- 使用 break 语句能够直接跳出循环语句或 switch 语句的程序块。
- 使用 continue 语句能够回到循环体开头并直接进行下一次循环。

本章学习了循环处理、更改程序流程的语句，这些语句与第 5 章学过的语句配合使用，还能够编写各种更加复杂的程序。为了能用这些语句自由地编写自己想实现的程序，请多多练习。

1. 请编写输出如下的代码。

> 请输出 1 ~ 10 之间的偶数。
> 2
> 4
> 6
> 8
> 10

2. 请从键盘输入考试的分数，并编写代码以输出如下总分。最后想要输出答案，
   输入 0 即可。

> 请输入考试的分数。（输入 0 时终止）
> 52 ↵
> 68 ↵
> 75 ↵
> 83 ↵
> 36 ↵
> 0 ↵
> 考试总分为 314 分。

3. 请编写出输出画面如下的代码。

> *
> **
> ***
> ****
> *****

第 7 章

函　数

目前为止，读者们已学习了 C++ 中的众多功能，也能够自行编写较为复杂的程序了。然而，程序一旦扩大，必定会在代码中的各个部分进行同样的处理。如果想要编写更大型的程序，关键是先编写好函数，然后再执行。在本章中，一起来学习能够总结多个步骤的"函数"功能。

Check Point

- 函数的定义
- 函数的调用
- 参数
- 返回值
- 内联函数
- 函数声明
- 默认参数
- 函数重载
- 函数模板

7.1　函数的基本概念

 了解函数的结构

在日常生活中，常常需要多次执行同一项任务。例如，每个月从存款中取钱的场景。这时，每取一次款，都要进行以下操作。

❶ 将银行卡插入自动取款机。

❷ 输入密码。

❸ 输入指定金额。

❹ 取钱。

❺ 确认金额和银行卡。

在 C++ 中书写复杂程序代码时，每次都必须执行相应的操作。同样的操作要编写好几次同样的代码，十分麻烦。

于是 C++ 准备了能够总结一定操作的函数功能。

利用函数将多个步骤统一编入其内，从而能够随时调出执行。例如，将上述示例中取钱的一系列步骤编成函数，再将该函数命名为**待调出**。这样，编好的函数就作为"待调出"的步骤之一，能在之后被调出使用，如图 7-1 所示。

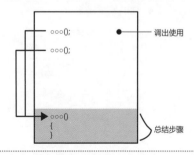

图 7-1　创建函数

通过创建函数（阴影部分），能够轻松调出提前总结好的步骤以便使用。

想要在 C++ 中使用函数，必须经过以下两个步骤。

❶ 创建函数（定义函数）。
❷ 利用函数（调出函数）。

本章先来看看如何"定义函数"。

main() 函数

整体来看，其实整个程序本身也是一个"笼统的处理"。因此，C++ 程序整体也可以变成一个函数。该函数的名字就是大家十分熟悉的 main() 函数。

7.2　函数的定义和调出

函数的定义

想要使用函数，首先必须要指定代码中某一总结好的内容。这就是创建函数的步骤，称为**函数的定义** (function definition)。函数的定义需要整合在程序块中。下列代码就是函数最基本的形式。

语法　**函数的定义**

```
返回值的类型    函数名（参数列表）
{
    语句；                    使用修饰符作为函数名
    …                        提前总结好内容
    return 表达式；
}
```

该代码中使用了"返回值"和"参数"这种读者比较陌生的词汇，对此，后面会有详细说明。这里只要求读者对函数有个大致印象。

另外，"函数名"和变量的名字一样，是使用修饰符（第 3 章）命名的。

例如，下列代码就定义了一个函数。这是名为"buy"的函数，负责输出"车买好了"这一结果，如图 7-2 所示。

```
// buy 函数的定义
void buy()
{                              函数名字
    cout  << " 车买好了。\n";
}                              在括号内规定好内容
```

```
void buy()
{
    cout << "车买好了。\n";
}
```

函数的定义

图 7-2 函数的定义

总结好一定的步骤，就能定义函数。

为函数取名为 buy 函数，并在括号内用一句话概括内容。注意最后的 } 之后不要加上分号 (;)。

重要

函数的定义可以总结一定的步骤。

调用函数

定义好函数，后面就能利用总结好的步骤。使用函数也称函数的调用。

接下来，来学习函数的调用方法。想要调用函数，请在代码中记述如下函数名。

语法　函数调用

函数名（参数列表）；

例如，若想调用上一页定义的函数，就如下记述。

```
buy();
```

这里不加程序块且要在最后添上分号 (;)。在代码中执行"调用函数"，便能将刚定义好的函数予以统一处理。

接下来输入下列代码，实际操作一下函数的定义以及调用。

Sample1.cpp　创建基本函数

```
# include <iostream>
using  namespace  std;

// 定义 buy 函数
```

```
void buy()
{
    cout <<" 车买好了。\n";
}

// 调用 buy 函数
int main
{
    buy();

    return 0;
}
```

buy() 函数执行的内容

执行 buy() 函数的内容

Sample1 的执行画面

车买好了。

buy() 函数被执行

注意 Sample1 的代码分为以下两个部分。

■ main() 函数部分。

■ buy() 函数部分。

C++ 先从 main() 函数开始处理。因此，此处也与之前一样，程序被执行后，从 main() 函数的开头部分开始处理。

main() 函数的第一个语句就是调用 buy() 函数 (❶)。于是，处理流程转移到 buy() 函数，从 buy() 函数的第一个语句开始处理 (❷)，然后画面就会显示"车买好了"。

buy() 函数内的处理在 } 之后就会终止。buy() 函数终止后，便回到刚刚的 main() 函数 (❸)。到这里就是 main 函数的最后部分了，所以程序也将终止。

也就是说，使用该函数的代码流程如下所示。

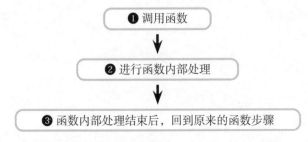

❶ 调用函数

❷ 进行函数内部处理

❸ 函数内部处理结束后，回到原来的函数步骤

总结 Sample1 的处理流程，如图 7-3 所示。

调用函数后，定义好的函数可一起执行。

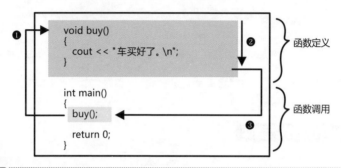

```
        void buy()
        {
           cout << "车买好了。\n";                 函数定义
        }

        int main()
        {
          buy();                                  函数调用
          return 0;
        }
```

图 7-3　函数调用

❶ 调用函数；❷ 在函数内部进行处理；❸ 函数内部处理结束后，回到原来的函数步骤

多次调用函数

为更好地掌握函数的使用，请按照以下代码再编写一个程序。这次试着调用两次函数。

Sample2.cpp　多次调用函数

```cpp
# include <iostream>
using namespace std;

// buy 函数的定义
void  buy()
{
    cout  <<" 车买好了。\n";
}

// buy 函数的利用
int main()
```

```
{
    buy();          ──────  调用 buy 函数

    cout  <<" 再买一辆车。\n";

    buy();          ──────  再次调用 buy 函数

    return  0;
}
```

Sample2 的执行画面

```
车买好了。  ──────
再买一辆车。          函数被调出两次
车买好了。  ──────
```

在该例代码中，首先在 main() 函数的第一个语句中处理 buy() 函数 (❶)。这步处理完之后返回到 main() 函数，屏幕显示"再买一辆车"的文字 (❷~❹)。于是再次调用 buy() 函数步骤 (❺)，此次重复同样步骤 (❻ 和 ❼)。

查看执行结果，可以知道函数被调用了两次。请试着连续处理函数，如图 7-4 所示。

可以多次调用函数。

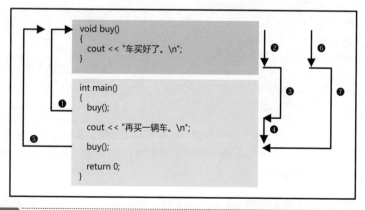

图 7-4　多次调用

函数可以被多次调用。

163

在函数中总结步骤

　　然而，有些读者会觉得这样的函数步骤有些烦琐。目前为止看到的 buy() 函数，只有一个语句步骤要处理，所以没必要特意定义成函数。不使用函数，在 main() 函数内记述所有输出步骤反而简单一些。也就是说，即使像如下代码那样记述，也能得到 Sample2 的结果。

```
# include <iostream>
using namespace std;

int main()
{
    cout  <<" 车买好了。\n";
    cout  <<" 再买一辆车。\n";          步骤与 Sample2 一样
    cout  <<" 车买好了。\n";

    return  0;
}
```

　　函数中可以定义各种复杂的步骤。例如，思考如下 buy() 函数。

```
// buy 函数的定义
void buy()
{
    cout  <<" 将银行卡插入自动取款机。\n";
    cout  <<" 输入密码。\n";
    cout  <<" 输入指定金额。\n";
    cout  <<" 取钱。\n";                也能进行复杂的处理
    cout  <<" 确认金额和银行卡。\n";
    cout  <<" 车买好了。\n";
}
```

　　该 buy() 函数整合了 6 个语句步骤。这样复杂的步骤，提前整合、定义会比较方便。想要执行"买车"步骤时，只要输入像 buy() 函数这样简短的函数名，就能轻易调用一系列步骤。

```
                    仅用这样简短的函数名，便可实现复杂的处理
buy();
```

　　每次买车时，不用都编写一遍上述语句。使用函数即可，只编写一遍。

　　另外，若在 main() 函数中没完没了地执行各种各样的处理，那在整个大的程序中，便很难判断目前在进行哪一步。

　　如果使用函数，只要为规定好的步骤命名后，便能使代码更容易理解。想要编写复杂的程序，函数是不可或缺的工具。

　　使用函数可以简单编写出复杂的程序。

7.3 参 数

使用参数传递信息

在本节中，读者将进一步了解函数。除了总结处理之外，还有一种更灵活的处理方法，即在调用函数时，将信息（值）从调用源传递到函数内部，并根据该值进行处理，传递到函数中的信息就被称为"参数"。使用参数的函数用如下形式表述。

```
//buy 函数的定义
void buy(int x)                                    规定 int 型参数
{
    cout  <<" 买了一辆 " << x  << " 万元的车。\n";
                                                   在函数内使用参数
}
```

该 buy() 函数被定义为当函数从调用源被调出时，就会有一个 int 类型的值传递到函数内。函数 () 中的 "int" 被称为参数。参数 x 是一个 int 型变量，只能在该函数中使用。

当函数被调用时，变量 x（参数）就被赋予从调用源传递出的 int 型数值，如图 7-5 所示。因此，变量 x 的值可以用在函数内部，buy() 函数也能输出传递给它的值。

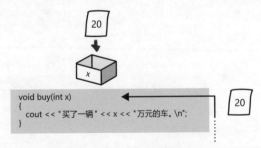

图 7-5 参数

可以为函数本体进行信息（参数）的传递和处理。

但是，变量 x 在 buy() 函数以外的场所不可使用，既不能代入值，也不能输出。所以要注意该变量 x 在 main() 函数中无法应用。

> 使用参数，可以为函数传递数值。

调用带有参数的函数

接下来，请试着实际操作一下调用带参数的函数。在调用带有参数函数时，需要在函数调用语句的 () 中，记述指定类型的参数值，并传达给函数。

Sample3.cpp　使用带有参数的函数

```cpp
# include <iostream>
using namespace std;

//buy 函数的定义
void  buy(int  x)                          这是一个接受赋值的形式参数
{
    cout  <<"买了一辆 "<<  x  <<" 万元的车。\n";
}                                           输出赋予的数值

//buy 函数的调出
int main()
{
    buy (20);      调用实际参数 20
    buy (50);
                   调用实际参数 50
    return  0;
}
```

Sample3 的执行画面

```
买了一辆 20 万元的车。
买了一辆 50 万元的车。          传递值被输出
```

该 main() 函数内，进行了如下处理。

第一次调用 buy() 函数时，调用了传递值"20"
第二次调用 buy() 函数时，调用了传递值"50"

该值是由 buy() 函数中传递的参数 x 来赋予的。传递参数为"20"就输出 20，为"50"就输出 50，即每次调出函数，根据传递的参数值来输出金额。这样即使是同一个函数，只要传达的参数值不同就能进行不同的处理。使用参数，能够制作更加灵活的函数。

在函数本体中被定义的参数（变量）被称为"**形式参数**"(parameter)。从函数的调用源传递出的参数（值）称为"**实际参数**"(argument)，如图 7–6 所示。所以，这里变量 x 为形式参数，"20"和"50"是实际参数。

函数定义中接受赋值的变量为形式参数。
调用函数时传递的数值为实际参数。

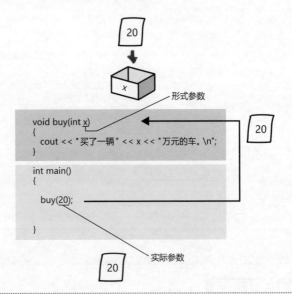

图 7–6　形式参数和实际参数
可以在函数中预设形式参数，调用函数时再传递实际参数。

从键盘输入

为了进一步理解参数，请试着从键盘上输入数值传递到函数内部。请完成以下代码。

Sample4.cpp　赋予实际参数变量数值

```cpp
# include <iostream>
using namespace std;

//buy 函数的定义
void buy(int x)
{
    cout <<" 买了一辆 "<< x <<" 万元的车。\n";
}

//buy 函数的调出
int main()
{
    int num;

    cout <<" 第一辆买几万元的车？\n";
    cin >> num ;

    buy(num);

    cout <<" 第二辆买几万元的车？\n";
    cin >> num ;

    buy(num);

    return 0;
}
```

变量 num（值）作为参数被传递

再次传递变量 num(值)

Sample4 的执行画面

第一辆买几万元的车？

此处 main() 函数中使用了变量 num（值），它作为实际参数从调用源传递至函数内部。所以从键盘上输入的 num 值就传达给了函数。

这样，变量作为实际参数被使用时，实际参数与形式参数的变量名称可以不同。此处就是使用了不同的变量名记述代码。

所以在 C++ 中，传递到函数内部的并不是实际参数本身而是其被赋予的值。这种参数的传递方法可以称为**"值传递"**(pass by value)，如图 7-7 所示。

函数被调用时，将传递实际参数的"值"。

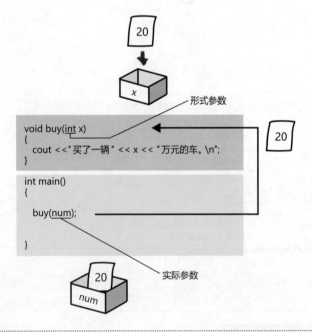

图 7-7　值传递

函数调用后，实际参数（值）被传递，形式参数初始化。

使用具有多个参数的函数

目前为止的学习内容只有在函数中定义过一个参数的情况。实际上函数还能携带两个以上参数。调出函数时，可以传递多个数值。那快来试试编写如下代码。

Sample5.cpp　使用带有多个参数的函数

```
# include  <iostream>
using  namespace  std;

// buy 函数的定义                    ┌─ 函数带有两个参数
void  buy(int  x, int  y)
{
    cout  <<" 买了 "<< x  <<" 万元和 "<< y  <<" 万元的车。\n";
}                                                      └─ 输出第二个参数
                              └─ 输出第一个参数
// buy 函数的调出
int  main()
{
    int  num 1, num 2;

    cout  <<" 买了几万元的车？\n";
    cin  >>  num 1;

    cout  <<" 买了几万元的车？\n";
    cin  >>  num 2;

    buy(num 1, num 2);
                        └─ 传递两个参数
    return  0;
}
```

Sample5 的执行画面

买了几万元的车？
20 ⏎

即使函数带有多个参数，操作步骤也与之前一样，如图 7-8 所示。但请注意，调用函数时要给参数之间加上逗号 (,) 加以区分。这种复数参数也可称为"参数集合"。于是，按照被隔开之后的顺序，实际参数的值被逐个传递给形式参数。

可以看到函数内接收到的两个值正在进行处理。

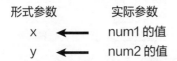

函数可以传递多个参数。

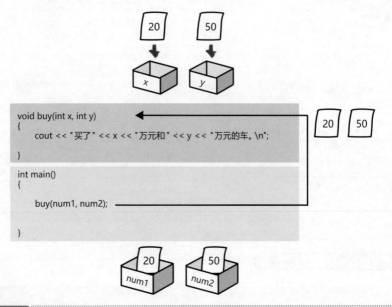

图 7-8 多个参数

函数中可以指定多个参数，并按照参数集合中的顺序传递出数值。

如果传递了与形式参数不同数值的实际参数，则无法调用函数。

如下列代码所示，该段代码定义了带有两个参数的 buy() 函数，但只指定了一个参数，因而无法调用函数。

```
//buy 函数的调用
...
buy(num1; num2);          传递与形式参数数量对应的实际参数
buy(num1);          错误的调用方式
```

 # 使用无参函数

如本章最初定义的 buy() 函数一样，函数中还有"无参函数"。定义无参数函数时，可以不指定参数，或者指定其为特殊的 void 型。

```
// buy 函数的定义
void buy()
{                          不带有参数的情况下，不指定
                           参数，或指定其为 void 型
    cout  <<" 买了一辆车。\n";
}
```

这样调用函数时，() 内不指定任何值。请参考本章开头调用的无参函数 buy()。这就是无参函数的调用方法，如图 7-9 所示。

```
// buy 函数的调用
...
buy();          调用函数时不传递参数
```

重要

无参函数不指定参数，或指定参数为 void 型。

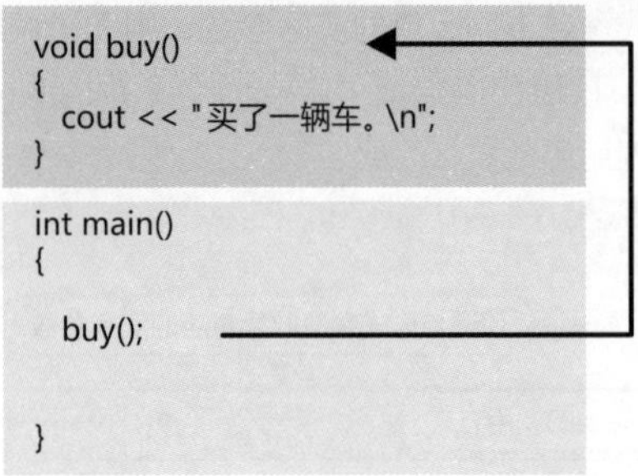

```
void buy()
{
    cout << "买了一辆车。\n";
}

int main()
{

    buy();


}
```

图 7-9 无参函数

程序语言中还能设置无参函数，即不指定参数或指定参数为 void 型。

7.4 返回值

了解返回值的结构

与参数相反，函数还具有将函数主体的数据返回给调用源的作用。

函数返回的信息被称为"返回值"（return value）。与可进行多个指定的参数不同，返回值只有一个，可以将数据返还给调用源。

请回顾一下 7.2 节中介绍的函数定义类型。在返回数据时，先在函数定义中表明返回值"类型"（❶），然后在程序块中，使用 return 语句，实际进行返回值的处理（❷）。

 语法 | 函数的定义

```
返回值类型  函数名（参数表）
{                        ❶ 指定返回值类型
    语句；
    ...

    return 表达式；      ❷ 将表达式的值返回调用源
}
```

此处 return 语句被标在程序块的最后，但实际上它还能写在中间位置。但这样在处理函数时，还没进行到程序块的最后，函数就会因为 return 语句处理结束而随之终止。所以要注意 return 语句的位置，如图 7-10 所示。

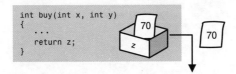

```
int buy(int x, int y)
{
    ...
    return z;
}
```

图 7-10 | 返回值
函数中可将返回值返还给调用源。

一起来看看下列带有返回值的函数。

```
// buy 函数的定义
int buy(int x; int y)
{                                  ┌─────────────────┐
                                   │ 返回 int 型数值  │
                                   └─────────────────┘
    int z;

    cout << " 买了 "<< x <<" 万元和 "<< y <<" 万元的车。\n";

    z = x + y;
                        ┌──────────────────┐
                        │ z 作为返回值被返回 │
                        └──────────────────┘
    return z;
}
```

在该函数中，将接收到两个参数 x 和 y 相加的结果，即函数中所定义的 z 的值。然后在 return 语句中，z 值作为返回值被返回到原函数。因为 z 是 int 型变量，所以返回值的类型也被指定为 int 型。

接下来实际操作一下。请在如下代码中使用带有返回值的函数。

Sample6.cpp　带有返回值的函数

```
# include <iostream>
using nameespace std;

// buy 函数的定义                  ┌──────────────────┐
                                   │ 带有返回值的函数  │
int buy(int  x, int  y)           └──────────────────┘
{

    int  z;

    cout <<" 买了 "<< x <<" 万元和 " << y <<" 万元的车。\n";

    z = x + y;
                        ┌──────────────┐
                        │ 返回返回值    │
                        └──────────────┘
    return z;
}

// buy 函数的调用
int main()
{
```

```
    int num1, num2, num3 ;

    cout  <<" 买了几万元的车？\n";
    cin  >>  num1;

    cout  <<" 买了几万元的车？\n";
    cin  >>  num2;

    sum  =  buy(num1, num2);        调用函数, 将返回值代入变量 sum 中

    cout  <<" 共 "<<  sum  <<" 万元。\n";
                                    输出返回值的值
    return  0;
}
```

Sample6 的执行画面

```
买了几万元的车？
20 ⏎
买了几万元的车？
50 ⏎
买了 20 万元和 50 万元的车。
共 70 万元。       返回值被输出
```

此处函数内算出的返回值结果, 就变成原函数中 sum 变量的值。想要利用返回值, 就从函数的调用语句中使用赋值运算符代入。

```
// buy 函数的调用
...
sum = buy(num1, num2);        将返回值代入变量 sum 中
```

调用源函数输出变量 sum 的内容。这样函数的返回值被代入变量中, 就可以在调用源中使用了, 如图 7-11 所示。

返回值在调用源中不一定要使用。不使用时, 只需编写如下语句:

```
buy(num1, num2);        返回值不使用也没关系
```

重要

使用返回值，可以将信息返回到调用源。

```
int buy(int x, int y)
{
    ...
    return z;
}

int main()
{
    sum = buy(num1, num2);

}
```

70

z

70

70

sum

图 7-11　返回值的使用

在调用源中可以使用返回值进行操作。

无返回值函数

可以定义无参函数，同样也可以定义无返回值函数。比如，在 7.2 节中定义的 buy() 函数，就是不带返回值的函数。

```
// buy 函数的定义
void buy()
{                           ← 不带有返回值的情况
    cout  <<" 买了车。\n";
}
```

想要表示无返回值函数，可以指定返回值类型为 void 型，如图 7-12 所示。调用执行无返回值函数时，要么执行到程序块最后的 }，要么用不带任何修饰的 return 语句终止函数，语句结构如下所示。

语法　return 语句

```
return;
```

试着在刚才的 buy() 函数中使用 return 语句。但在这种十分简单的函数中，return 语句无论是否使用，结果都一样。

```
// buy 函数的定义
void  buy()
{
    cout  <<" 买了车。\n";

    return;
}
```

回到调用源步骤

```
void buy()
{
  cout << "买了车。\n";
}

int main()
{

  buy();

}
```

图 7-12 无返回值函数

在无返回值函数中，提前指定返回值类型为 void 型。

Lesson
7

7.5 函数的使用

求和函数

经过前几节的学习，读者应该对函数的形式与处理流程有了一定了解。本节将利用迄今为止学过的知识，应用各种各样的函数。先来拓展一下前面章节介绍过的 buy() 函数，试着在该函数中进行两个数值的求和，示例如下。

Sample7.cpp 求和函数

```cpp
# include  <iostream>
using  namespace  std;

// sum 函数的定义
int  sum(int x, int y)                    首先接收两个数值
{
    return  x+y;                          进行返回求和步骤
}

int  main()
{
    int  num1, num2, ans;

    cout  <<" 请输入第一个整数。\n";
    cin  >>  num1;

    cout  <<" 请输入第二个整数。\n";
    cin  >>  num2;
```

```
    ans  =  sum(num1, num2);
                                        调用函数

    cout <<" 合计共 "<<  ans  <<"。\n";
                                        输出返回值

    return  0;
}
```

Sample7 的执行画面

```
请输入第一个整数。
10 ⏎
请输入第二个整数。
5 ⏎
合计共 15。
```
输出总和

此处定义了求两个数值之和的 sum() 函数。其实该函数步骤与 7.4 节所说的带有返回值的 buy() 函数相同。7.4 节为了方便大家理解，将合计值赋值到变量中，再将其返回到原函数中，而这里使用求和公式，直接将结果返回到原函数中。这样使代码更加简洁。

```
return  x + y;
```
合计值作为返回值被返回

求最大值函数

还有一种定义方法能使函数更加简洁。请试着输入以下代码。

Sample8.cpp 求最大值函数

```
# include  <iostream>
using  namespace  std;

//max 函数的定义
int  max(int x, int y)
{
                                        接收两个数值
    if(x > y)                当 x 比 y 大时……
```

```
        return   x; ●————————                返回 x 值
    else
        return   y; ●
                                            否则，返回 y 值
}

int   main()

{

    int   num1, num2, ans;

    cout   <<" 请输入第一个整数。\n";
    cin   >>   num1;

    cout   <<" 请输入第二个整数。\n";
    cin   >>   num2;
                                    调用函数

    ans   =   max(num1, num2); ●

    cout   <<" 最大值为 "<<   ans   <<"。\n";
                                            输出返回值

    return   0;

}
```

Sample 8 的执行画面

```
请输入第一个整数。
10 ↵
请输入第二个整数。
5 ↵
最大值为 10。
                    最大值被输出
```

　　这次在两个数中间，对返回了较大值的 max() 函数做了定义。该函数中，将变量 x 和 y 的其中一个返还至调用源。无论哪一方进行 return 语句处理，当下所在函数就会终止，回到调用源的步骤。

　　通过查看执行结果，可以知道函数输出了两个数值中较大的那一个。这样创建简易函数后，可以在很多代码中轻松使用函数。

递归

在 C++ 函数中，还能在其内部调用自身。这种结构被称为递归 (recursion)。

```
void  func()
{
    ...
    func()          ———○ 调用自身
}
```

使用递归调用，能够将复杂的处理简单化记述。

了解内联函数

执行使用函数的代码，比不使用函数要花费更多时间。总结函数步骤、传递参数和返回值都很花费时间。因此，需要多次调用小型函数时，这些时间就令人十分在意。这时，如果使用内联函数（inline function）就很方便了。内联函数结构如下。

 语法　内联函数的定义

> inline　返回值类型　函数名（参数表）　{...}

内联函数是开头写有 inline 的函数。

接下来实际练习一下使用内联函数的代码。

Sample9.cpp　使用内联函数

```
# include  <iostream>
using  namespace  std;

//max 函数的定义                    ———○ 定义内联函数
inline  int  max(int  x, int  y){ if(x>y)return  x;  else  return  y;}

int  main()
{
```

```
    int    num1, num2, ans;

    cout  <<" 请输入第一个整数。\n";
    cin   >>  num1;

    cout  >>" 请输入第二个整数。\n";
    cin   >>  num2;

    ans  =  max(num1, num2);          调用内联函数的部分被嵌入求最大值的代码

    cout  <<" 最大值为 "<<  ans  <<"。\n";

    return  0;
}
```

Sample9 的执行画面

```
请输入第一个整数。
10 ⏎
请输入第二个整数。
5 ⏎
最大值为 10。
```

该执行结果与 Sample8 使用 max() 函数代码的执行结果一样。但如图 7–13 所示，在调用内联函数时，求最大值的代码被编译器自动填上。因为内联函数处理被直接填入调用部分的代码中，所以可以提高程序的执行速度。

但编译程序在内联函数中有时无法处理过长的步骤，只能将一些短小的步骤代码填入内联函数中。

函数可作为内联函数。

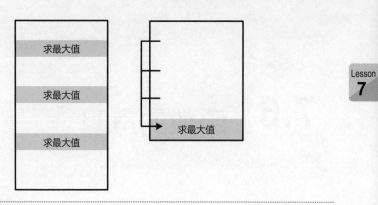

图 7-13　**内联函数**

内联函数（左）与普通函数（右）不同，其在使用的部分中填入了代码。

7.6 函数的声明

 ## 声明函数

迄今为止定义的函数，都是记述在调用函数的代码"之前"。那如果把函数的定义记述在函数的调用之后，会发生什么呢？也就是在 main() 函数之后定义函数会怎么样呢？

实际操作之后发现，会提示内容错误，显示"**函数未定义**"，代码无法编译程序，如图 7-14 所示。

```
int max(int x, int y)
{
    ...
}
```
函数定义

○
```
int main()
{
    int ans = max(num1, num2);
}
```
函数调用

✕
```
int main()
{
    int ans = max(num1, num2);
}
```
函数调用

```
int max(int x, int y)
{
    ...
}
```
函数定义

图 7-14 **定义函数的位置**
如果函数调用前不提前定义函数，就无法编译程序。

　　在 C++ 中，如果想要先记述函数的调用，需要**提前让编译器知道函数的名称和参数名**。这一步被称为函数声明 (function declaration)。也就是说，若想在函数定义之前记述调用函数，必须先进行函数声明。

　　函数声明的结构如下所示。

 语法　　**函数声明**

> 返回值类型　函数名（参数列表）;

　　接下来看看如何使用函数声明的代码。如下示例中函数本体应在 main() 函数之后被定义。

Sample10.cpp　使用函数声明

```cpp
# include  <iostream>
using  namespace  std;

// max 函数的声明
int  max(int  x, int  y);            ← 函数声明

// max 函数的调用
int  main()
{
    int  num1, num2, ans;

    cout  <<" 请输入第一个整数。\n";
    cin  >>  num1;

    cout  >>" 请输入第二个整数。\n";
    cin  >>  num2;

    ans  =  max(num1, num2);         ← 调用函数

    cout  <<" 最大值为 "<<  ans  <<"。\n";

    return  0;
}

//max 函数的定义
```

```
int  max(int  x, int  y)
{
    if(x>y)
        return  x;
    else
        return  y;
}
```

函数的定义可以写在后面

Sample10 的执行画面

```
请输入第一个整数。
5 ↵
请输入第二个整数。
10 ↵
最大值为 10。
```

Sample10 在函数声明中声明了 max() 函数带有两个参数，返回值类型为 int 型。如果之后记述的 max() 函数的返回值和参数与声明中不一样，编译器就会显示错误。因此，请牢记函数声明的结构，如图 7-15 所示。

int max(int x, int y);	函数声明

int main()
{
  int ans = max(num1, num2);
}
	利用 (调用) 函数

int max(int x, int y)
{
  . . .
}
	定义函数本体

图 7-15 函数声明

调用函数前必须提前声明函数规范。

在函数调用步骤之后记述函数的定义时，需要先进行函数声明。

制作大规模程序

　　为了在后文记述函数本体，这里使用了函数声明。但最能发挥函数声明作用的是在制作大规模程序时。具体相关方法在第 10 章介绍。

使用默认参数

　　函数声明中，经常会指定**默认参数**（default argument）。指定默认参数后，在调用函数时就可以省略实际参数。省略实际参数后，指定的默认值就被传递到函数中。

　　指定默认参数的函数结构如下所示。

语法 | **指定默认参数**

> 返回值类型名称　函数名（类型名称　形式参数名 = 默认值，...）

　　默认参数只在函数声明或定义中指定一次。也就是说，如果在函数声明中指定过默认参数，就无须在函数本体的定义中指定。

　　下面的函数声明就指定了参数的默认值为 10。

```
void  buy(int x = 10);
```
　　　　　　　　　　　　　　　指定默认参数

　　请在如下代码中练习实际调用带默认参数的函数。

Sample11.cpp　使用默认参数

```
# include  <iostream>
using  namespace  std;

//buy 函数的声明
void  buy(int  x = 10);

//buy 函数的调用
int  main()
{
    cout  <<" 第一次用 100 万元买。\n";
```

```
    buy(100);                指定参数后调用

    cout  >>" 第二次用默认金额买。\n";
    buy();                   不指定参数调用

    return  0;
}

// buy 函数的定义
void  buy(int  x)
{
    cout  <<" 买了 "<<  x  <<" 万元的车。\n";
}
```

Sample11 的执行画面

第一次用 100 万元买。
买了 100 万元的车。   使用参数
第二次用默认金额买。
买了 10 万元的车。   使用默认参数

　　该函数中调用了两次 buy() 函数。第一次调出函数传递了参数 100，第二次没有传递参数。因此第二次调用时使用了默认值 10。设置了默认参数后，可以在不指定实际参数的情况下调用函数，如图 7-16 所示。

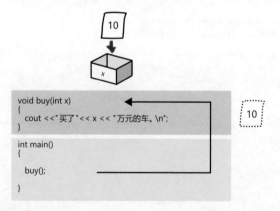

图 7-16　默认参数

　　函数中可以提前指定默认参数。如果不指定实际参数，则使用默认值。

但是，必须注意有多个参数的情况。这时默认参数要**从右往左定义**。也就是说，设定某个参数的默认值时，这个默认参数的后面所有参数都必须设为默认参数。

例如，带有 5 个参数的函数，如 func1() 函数，可以从右往左定义默认参数。但是不能像 func2() 函数那样，设定第 2 个和第 5 个参数为默认参数。

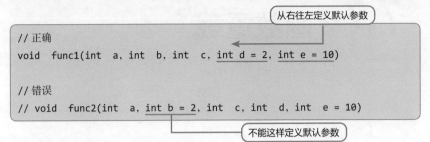

func1() 函数可以用如下方式调用。

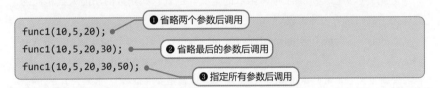

❶ 将指定的两个默认参数省略后调用函数。也就是将参数 d（2）、e（10）初始化。

❷ 将最后一个参数省略后调用函数。也就是将参数 e（10）初始化。

❸ 指定所有参数后调用函数。

7.7 函数重载

 了解重载的概念

至此，本书已经介绍了很多函数的定义。尽管这些函数的功能大致相同的，但却无法只归结为一种函数。

比如前文 Sample10 中的 max() 函数。该函数进行了"求两个 int 型数值中最大值"的步骤。但如果不是 int 型，而是想求 double 型参数的最大值该如何处理呢？这时就需要新定义一个带有 double 型参数的函数。也就是要准备两个"求最大值"的函数。

这样，尽管是相同的处理，可能也要定义多个函数。不过，C++ 中有更加简便的方法能实现这些，即在参数类型和个数不同的情况下，可以定义多个同名函数。也就是求最大值时，能编写两个 max() 函数。

```
int max(int x, int y)          int 型参数的 max() 函数
double max (double x, double y)
                               double 型参数的 max() 函数
```

定义多个参数个数和类型不同的同名函数被称为函数重载（多重定义：function overloading）。

接下来，一起看看函数重载的相关代码。

Sample12.cpp　函数重载

```
# include <iostream>
using namespace std;

//max 函数的声明
int   max(int x, int y);              声明两个参数不同
double  max(double x, double y);      的 max() 函数
```

```
int  main()
{
    int a, b ;
    double da, db ;

    cout  <<" 请输入两个整数。\n";
    cin  >>  a  >>  b ;

    cout  >>" 请输入两个小数。\n";
    cin  >>  da  >>  db ;

    int  ans1  =  max(a, b);          ← 调用 int 型参数的函数
    double  ans2  =  max(da, db);     ← 调用 double 型参数的函数

    cout  <<" 整数的最大值为 "<<  ans1  <<"。\n";
    cout  <<" 小数的最大值为 "<<  ans2  <<"。\n";

    return  0 ;
}
//max(int 型 ) 函数的定义
int max(int  x, int  y)
{
    if(x > y)
        return x ;                    ← int 型参数的函数
    else
        return y ;
}

//max 函数 (double 型 ) 的定义
double  max(double  x, double  y)
{
    if(x > y)
        return  x ;                   ← double 型参数的函数
    else
        return  y ;
}
```

Sample12 的执行画面

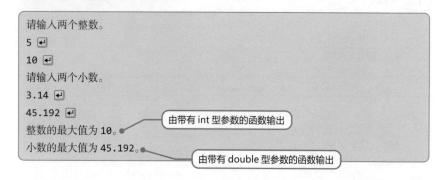

请输入两个整数。
5 ⏎
10 ⏎
请输入两个小数。
3.14 ⏎
45.192 ⏎
整数的最大值为 10。 ┄┄ 由带有 int 型参数的函数输出
小数的最大值为 45.192。 ┄┄ 由带有 double 型参数的函数输出

　　该函数调用了两种 max() 函数。第一种是参数为 int 型的 max() 函数，第二种是参数为 double 型的 max() 函数，两者都顺利调用，如图 7-17 所示。也就是说，重载多个功能类似的处理只使用一个函数名，这样函数就能自动对相应类型和个数的参数进行处理。即使函数中的参数增加，通过重载功能，也能使代码更易理解、更直观地使用。

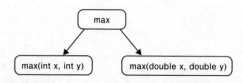

```
                    max


max(int x, int y)          max(double x, double y)
```

重要

可以用同一个函数名定义参数类型和个数都不同的函数。

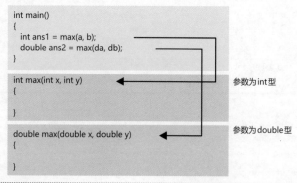

```
int main()
{
    int ans1 = max(a, b);
    double ans2 = max(da, db);
}

int max(int x, int y)          参数为int型
{

}

double max(double x, double y)  参数为double型
{

}
```

图 7-17　函数重载

重载函数后，调用时根据传递的参数调用与之对应的函数。

重载的注意事项

Lesson
7

重载函数中参数的类型和个数不能一样。

那如果将两个参数类型和个数一样、仅返回值不同的函数重载，会发生什么呢?

```
int func(int a);
void func(int a);
```
┐ 这两个函数中，只
┘ 有返回值类型不同

这样会导致即使发出调用指令，程序也无法判断到底要调用哪一个函数。

```
func(10);
```
● 无法判断该调用哪一个函数

所以，重载函数时，必须保证参数的类型和个数不同。

同样，在使用默认参数时，也要保证其类型和个数一样，否则无法重载函数。例如，请看下列函数。

使用默认参数

```
int func(int a, int b);
int func(int a);
```

这样，程序也无法判断到底要调用哪一个函数。

```
func(10);
```
● 无法判断该调用哪一个函数

保证重载函数的参数类型和个数不同。

重要

7.8 函数模板

了解函数模板的概念

通过 7.7 节的学习，可以知道用重载函数可以定义同名函数，并且通过重载可以更方便地利用函数。

然而，7.7 节中介绍的 max() 函数中，尽管除了数据类型其余都相同，但还是要定义多个函数。从而会感觉到函数的处理中仍然有比较麻烦的部分。因此，本节将介绍更加简便的函数处理方式。

C++ 中有一种便利的功能，可以创建函数"模型"。仅数据类型不同的函数可以用"模型"制作。这种模型被称为函数模板（function template）。要使用函数模板，必须经历以下步骤。

❶ 声明或定义函数模板。
❷ 调用函数（函数自动生成）。

先来看看声明或定义函数模板的方法。

定义函数模板

函数模板的声明或定义方法记述如下。虽有些复杂，但请牢记该形式。

语法　**函数模板的声明或定义**

```
template <class 模板参数列表>
函数的声明或定义
```

指定替换类型名

函数模板通常会在函数声明或定义中指定 template <……> 这样的内容。<……>

中，通常指定模板参数。

模板参数会指定虚拟类型参数名，如 T 等。在函数模板中，会在形参的类型名中使用默认参数，并使用一个虚拟的类型名来代替具体类型名，如图 7-18 所示。

下列代码定义了一个模板函数。

```
// 函数模板
template < class T >          提前指定类型名
T  maxt(T x, T y)
{                            指定 T 作为虚拟类型名来代替具体类型名
    if(x > y)
        return  x;
    else
        return  y;
}
```

```
template <class T>
T maxt(T x, T y)
{
    if(x > y)
        return x;
    else
        return y;
}
```

图 7-18　模板函数的定义
　　函数模板为函数的"模型"。

使用函数模板

接下来看看函数模板的应用。函数模板的使用方法与调用普通函数的方法一样。编写调用函数模板意味着程序在编译代码时，会**自动将模板参数 T 替换为指定类型参数**。也就是通过在代码中调用函数模板，可以直接调出具体参数类型的函数。

接下来，试着使用函数模板重新编写与 7.7 节功能一样的代码。

Sample13.cpp　使用函数模板

```
# include <iostream>
using namespace std;
```

```
// 函数模板
template <class T>
T maxt(T x, T y)                    模板参数
{
    if(x > y)
        return  x;
    else
        return  y;
}

int  main()
{
    int a, b;
    double da,db;

    cout <<" 请输入两个整数。\n";
    cin >> a >> b ;

    cout <<" 请输入两个小数。\n";
    cin >> da >> db ;

    int ans1 = maxt(a , b);        调用模板参数被替换为 int 型的函数
    double ans2 = maxt(da ,db);    调用模板参数被替换为 double 型的函数

    cout <<" 整数中的最大值为 "<< ans1 << "。\n";
    cout <<" 小数中的最大值为 "<< ans2 << "。\n";

    return  0;
}
```

这里首先传递 int 型数值，调用函数模板。接着传递 double 型数值，再次调用函数模板。通过调用函数模板，将模板参数 T 转换成 int 型和 double 型参数，制成实际函数。从而执行程序时，就会自动调用指定类型的函数。

函数模板能将类型不同但其余操作完全一样的函数归结到一种代码中。若两个 max() 函数，除了类型以外步骤完全相同，那么就可以使用函数模板，如图 7-19 所示。

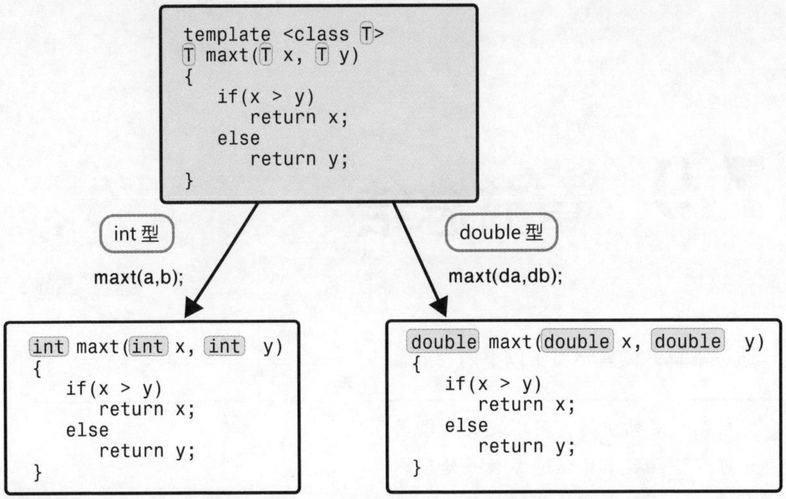

```
template <class T>
T maxt(T x, T y)
{
    if(x > y)
        return x;
    else
        return y;
}
```

int 型

maxt(a,b);

double 型

maxt(da,db);

```
int maxt(int x, int y)
{
    if(x > y)
        return x;
    else
        return y;
}
```

```
double maxt(double x, double y)
{
    if(x > y)
        return x;
    else
        return y;
}
```

图 7-19 函数模板的使用

为函数模板传递实际参数，就能制成相应参数类型的函数。

函数的简便处理

本章介绍的"函数重载"和"函数模板"都可以用同一个函数名来实现多个不同的处理。这种一个名字在不同场合下有不同功能的现象，被称为多态性(polymorphism)。但使用重载和使用模板的条件不同，所以请注意其各自特征。

■ 函数重载：在函数内的执行步骤可以不同。

■ 函数模板：在函数内的执行步骤必须完全一样。在仅参数类型不同的情况下才可以使用。

7.9 章节总结

通过本章，读者学习了以下内容。

- 总结一定的步骤，可以定义、调用函数。
- 可以给函数本体传递参数并处理。
- 可以从函数本体接收返回值。
- 可以将步骤简单的函数设置为内联函数。
- 通过函数声明，可以让编译器了解函数结构。
- 可以给参数设定默认值。
- 可以定义多个同名函数（函数重载）。
- 可以通过函数模板创建仅参数类型不同的函数。

制作 C++ 程序时，函数是不可或缺的。通过将适当的步骤用函数加以总结，再调出使用，能够将复杂的编写简单化。另外，在第 10 章中，还会学到在其他程序中对函数再利用的方法。

练习

1. 请创建一个能返回 int 型数值平方的函数 int square(int x)，并在代码中输出如下已输入整数的平方。

> 请输入整数。
> 5 ⏎
> 5 的平方是 25。

2. 在第 1 题的基础上，将其变成求 double 型数值平方的函数。在代码中输出如下已输入整数和小数的平方。

> 请输入整数。
> 5 ⏎
> 5 的平方是 25。
> 请输入小数。
> 1.5 ⏎
> 1.5 的平方是 2.25。

3. 请将第 2 题中的函数以内联函数形式书写。

4. 请设计求指定类型数值平方的函数模板 template < class T> squaret(T x)，并输入 int 型、double 型数值，输出这些数值的平方值。

第8章

指　针

第 3 章介绍了使用变量在存储器中记忆数值的方法。在 C++ 中，为了能够直接显示存储器中某变量的位置，会使用一种叫作"指针"的功能。想要理解指针的概念，必须先了解计算机存储器的概念。虽然有些难度，但是希望读者能够牢牢掌握这一概念。本章将对指针的含义和使用方法进行说明。

Check Point

- 存储器
- 地址
- 指针
- 取地址运算符 (&)
- 间接引用运算符 (*)
- 引用
- 实际参数的变更

8.1 地 址

了解地址的概念

第 3 章中已经学习了计算机的"存储器"会记忆变量的数值。在 C++ 中，还有一种叫"指针"的功能可以直接显示出存储器中变量的所在位置。指针是个很难理解的概念，请大家逐步学习，牢牢掌握。

本章先来学习地址（address）的概念。它能直接显示存储器的位置。

听到"地址"，读者可能会想到家庭的"住址"或者邮件地址。

C++ 中的"地址"用于直接表示存储器的位置，是存储器上的"住址"。大多会使用十六进制数、0x1000、0x1004 等数值来表示，就相当于在计算机内的住址，如图 8-1 所示。

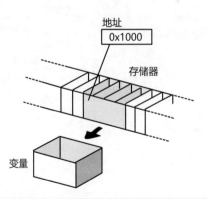

地址
0x1000

存储器

变量

图 8-1 存储器、变量和地址

地址用于直接显示变量在存储器中的位置。

学习变量地址

虽然已经介绍了"存储器"和"地址"的概念，但可能还是有人不能立马领会。那就一起来看看地址的数值到底应该怎么操作。

想要知道存储变量的内存地址，需要使用取地址运算符（address operator）&。

语法　**取地址运算符**

> & 变量名　———————●　　表示变量的地址

接下来，试着使用 & 运算符实际输出地址。请输入以下代码。

Sample1.cpp　输出地址

```cpp
# include <iostream>
using namespace std;

int main()
{
    int a;

    a = 5;

    cout <<"变量 a 的值为 "<< a <<"。\n";
    cout <<"变量 a 的地址为 "<< &a <<"。\n";
                              └——————— 表示变量的地址

    return 0;
}
```

Sample1 的执行画面

```
变量 a 的值为 5。
变量 a 的地址为 0x00F4。
                └——————— 表示变量的地址
```

第一行代码与之前一样，输出了变量值 a 的数值 5。第二行代码输出了取变量 a 地址的运算符 "&a"。这样就能输出变量 a 的地址。通过 "&a"，可以知道变量 a 的数值在存储器中哪一个位置。

看 "&a" 的值，了解到代码输出了 "0x00F4"（十六进制）。这就表示内存中存储变量 a 数值的位置。在计算机中，变量 a 的数值就存储在如图 8-2 所示的存储器中 0x00F4 的位置。

虽然这里是输出了 0x00F4 的值，但如果是其他计算机，可能就不是 0x00F4 而是输出其他值。所以地址的值会根据环境和程序运行状况而改变。

变量的地址实际上有多少个并不重要。关键是使用地址功能，可以显示存储器中变量值的 "位置"。

可以使用地址表示数值在存储器中的位置。

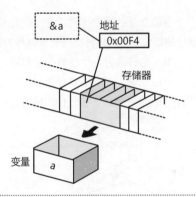

&a

地址
0x00F4

存储器

变量   a

图 8-2 取地址运算符

给变量名加上运算符 &，就能知道变量的地址。

8.2 指针简介

了解指针的概念

现在来实际应用一下存储变量数值的位置。首先，为了编写使用地址功能的代码，先来学习存储地址的特殊变量。该种特殊变量被称为指针（pointer）。

指针的使用方法，原则上与目前为止学过的变量相同。和第3章中介绍的变量一样，指针在使用前也要用"pA"等名字进行声明。但表示指针的变量一定要再加上"*"符号来声明，如图8-3所示。指针的声明方法如下所示。

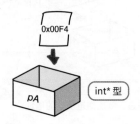

图 8-3 **指针**

指针是能存储地址的变量。

语法 **指针的声明**

类型名 * 指针名 ; ●————————————（声明指针）

指针的声明步骤如下。

```
int * pA; ●————————————（声明指针）
```

该语句声明了**能存储 int 型变量地址的指针 pA**，也称为指向 int 型指针 pA。虽然说法会有变化，但请一定要记住。

原则上，指针中不能存储除指定类型以外的数值地址。也就是说 pA 中不能存储 int 型以外的数值地址。因此指定类型名时一定要注意。

接下来试着在指针 pA 中存储一定地址，请试着编写如下代码。

Lesson 8

Sample2.cpp　在指针中存储地址

```cpp
# include <iostream>
using namespace std;

int  main()
{
    int a;
    int* pA;                ❶ 声明指针

    a = 5;
    pA = &a;                ❷ 将变量 a 的地址存入 pA 中

    cout <<" 变量 a 的值为 "<< a <<"。\n";
    cout <<" 变量 a 的地址 (&a) 为 "<< &a <<"。\n";
    cout <<" 指针 pA 的值为 "<< pA <<"。\n";
                            ❸ 输出 pA 的值 (变量 a 的地址)

    return  0;
}
```

Sample2 的执行画面

```
变量 a 的值为 5。
变量 a 的地址 (&a) 为 0x00F4。      指针的内容就是变量 a 的地址
指针 pA 的值为 0x00F4。
```

如上述代码所示，&a 表示 int 型变量的地址。如 ❷ 所示，可以将 &a 的值代入指针 pA 中。

```
pA = &a        将变量 a 的值存入 pA 中
```

即通过此次代入，可以实现在指针 pA 中存储变量 a 地址的功能。因此输出的指针 pA 的值与变量 a 地址 &a 的值相同。所以，可以说通过步骤 ❷ 的代入，在变量 a 和指针 pA 间形成了某种"联系"。这种联系也被称为 pA 指向变量 a。

虽然这样说有些奇怪，但请回忆，在指针 pA 中存储了变量 a 在存储器中的位置。因此只要想成 pA（的值）指向变量 a（的位置），就很容易理解了，如图 8-4 所示。

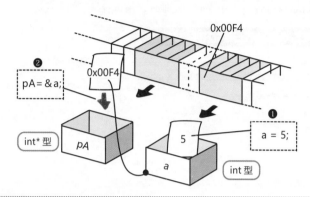

图 8-4　变量与指针

❶ 将 5 代入 int 型变量 a 中。

❷ 将变量 a 的地址代入 int 型指针 pA。

指针中能存储（数据）地址。

通过指针了解变量的数值

实际上，变量地址存入指针后，从指针反推，也能知道原变量的数值。想从指针中反推变量值，需要对指针使用 * 运算符。* 运算符被称为间接引用运算符（indirection operator）。

间接引用运算符

> ＊指针名；

使用该运算符，能够知道指针中存储地址对应的变量数值。

例如，当指针 pA 中储存了变量 a 的地址时，只要记述如下语句，就能间接得知变量 a 的数值。

> ＊pA

请试着编写下列代码。

Sample3.cpp 间接引用

```cpp
# include <iostream>
using namespace std;

int  main()
{
    int a;
    int* pA;

    a = 5;
    pA = &a          将变量 a 的地址存入 pA 中

    cout <<" 变量 a 的值为 "<<   a   <<"。\n";
    cout <<" 变量 a 的地址为 "<<  &a   <<"。\n";
    cout <<" 指针 pA 的值为 "<<   pA   <<"。\n";
    cout <<"*pA 的值为 "<<  *pA   <<"。\n";
                                    使用 * 运算符可得知
                                    指针所指变量的数值
    return 0;
}
```

Lesson
8

Sample3 的执行画面

```
变量 a 的值为 5。
变量 a 的地址为 0x00F4。
指针 pA 的值为 0x00F4。
*pA 的值为 5。
                        输出指针所指变量的数值
```

　　该代码将变量 a 的地址代入了指针 pA，即指针 pA 指向了变量 a。然后在 pA 中使用 * 运算符，得到变量 a 的值。给 pA 加上 * 变为 "*pA" 后，其与变量 a 表达同一概念，如图 8-5 所示。

*pA ←———→ a
相同

图 8-5 *pA 与 a 表达的概念相同

　　结果表明输出的 *pA 值与变量 a 的值都是 "5"。

通过间接引用运算符 *，能得知指针所指变量的值，
如图 8-6 所示。

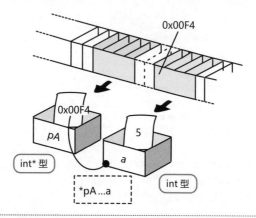

图 8-6 间接引用运算符

在指针中使用运算符 *，能够得知指针所指变量的值。

整理指针的相关知识点

指针的相关知识点比较复杂，所以请将目前为止出现的概念按顺序整理一遍。
首先，将变量 a 和其地址 &a 用如下方式表示出来。

a	变量 a
&a	变量 a 的地址

然后代入 "pA = &a"，即指针 pA 指向变量 a。pA 和 *pA 整理如下。

pA	存储变量 a 地址的指针
*pA	存储变量 a 地址的指针的所指变量 ⟶ 变量 a

虽然可能会有些过于烦琐复杂，但这才是最重要的地方。请注意，如果不代
入 "pA = &a"，后两个步骤则无法成立。

复习指针声明

请回忆本章学过的指针声明。

```
int* pA;
```

上述代码声明提前规定了存储 int 型变量地址的指针 pA。这一步骤也表示**指针 pA 为 int 型**。

其实声明指针时，也可以用如下方式编写。

```
int* pA;
int *pA;
```

这两个语句其实都表达的是同一个意思。第二个语句表达了 * pA 为 int 型。但本书采用 int* pA 这一表述方式。

另外，声明多个指针时，请注意用逗号隔开，代码如下所示。

```
int* pA, pB;
```

上述指针声明看起来是将 pA 和 pB 都设为 int* 型，但其实与下述两个声明是相同的。

```
int* pA;
int pB;
```

若想把两个指针声明都设为 int* 型，要么不使用 ","，直接分成两行进行声明；要么如下述代码一样编写。

```
int * pA, * pB;
```

在指针中代入其他地址

从目前所学习过的说明中可以得知，指针就是存储地址的变量。那现在，不是变量 a，而是将其他变量 b 的地址存入 pA 中，指针的值会有什么变化呢？请试着编写如下代码。

Sample4.cpp 变更指针值

```
# include <iostream>
using namespace std;

int main()
{
    int a = 5;
    int b = 10;
    int * pA;

    pA  = &a;                    代入变量 a 的地址

    cout <<" 变量 a 的值为 "<< a <<"。\n";
    cout <<" 指针 pA 的值 "<< pA <<"。\n";
    cout <<"*pA 的值为 "<< * pA <<"。\n";

    pA = &b;                     代入变量 b 的地址

    cout <<" 变量 b 的值为 "<< b <<"。\n";
    cout <<" 指针 pA 的值变更为 "<< pA <<"。\n";
    cout <<"*pA 的值为 "<< * pA <<"。\n";

    return  0;
}
```

Sample4 的执行画面

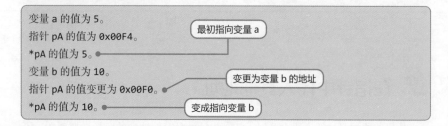

变量 a 的值为 5。
指针 pA 的值为 0x00F4。
*pA 的值为 5。
变量 b 的值为 10。
指针 pA 的值变更为 0x00F0。
*pA 的值为 10。

最初指向变量 a

变更为变量 b 的地址

变成指向变量 b

首先，将变量 a 的地址代入指针 pA 中。因此，输出 *pA 的值为 5，与变量 a 的值相同。

接下来代入 "pA = &b"，变更指针值。这次指针 pA 中存储的是变量 b 的地址。

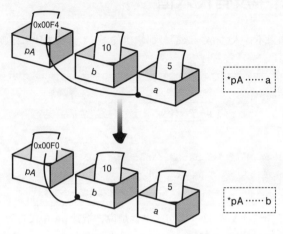

再次输出 *pA，这次会输出与变量 b 值相同的 "10"。也就是指针 pA 变成指向变量 b 了。通过这种方法，可以变更指针值，使其指向其他变量，如图 8-7 所示。

指针中能存储各种各样的变量。

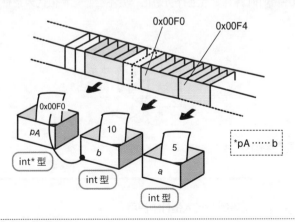

图 8-7 **代入其他变量地址**
在指针中代入其他变量地址能够变更指针值。

在指针中，原则上规定不能存储指定类型以外变量的地址。因此请注意在 pA 中无法存储除 int 型以外的其他变量地址。

 # 指针中没有代入值

请思考如果不代入"pA = &a"，那输出的 * pA 会变成什么样呢？请看如下代码。

```
// 该代码错误
int a = 5;
int* pA;                    pA 中没有代入值

cout <<" 指针 pA 的值为 "<< pA <<"。\n";
cout <<"* pA 的值为 "<< * pA <<"。\n";
...                          不知指向哪一个变量
```

这里没有"pA = &b"这一语句，也就是说，指针 pA 中没有存入任何地址。所以指针处于无指向状态，即使记述 * pA，也没有任何意义，如图 8-8 所示。

这样使用不知指向何处的指针，程序在执行时可能会发生意想不到的错误。

因此，请尽量采用如下方式记述指针，即初始化指针。

```
int a;
int* pA = &a;               初始化指针
```

像这样在声明时就对变量进行初始化，就不会忘记将值代入指针或让指针处于无指向状态。

图 8-8　指针中没有代入值

一定将地址代入指针中使用。

使用指针更改变量

　　按下来看看指针的进一步用法。实际上，使用指针还能更改所指变量的值。请看下列代码。

Sample5.cpp　使用指针更改变量

```cpp
# include <iostream>
using namespace std;

int main()
{
    int a;
    int* pA;

    a = 5;
    pA = &a;

    cout <<" 变量 a 的值为 "<< a <<"。\n";

    * pA = 50;          给 *pA 即变量 a 赋值

    cout <<" 将 50 代入 pA 中。\n";
    cout <<" 变量 a 的值为 "<< a <<"。\n";
                        试着输出变量 a 的值
    return  0;
}
```

Sample5 的执行画面

```
变量 a 的值为 5。
将 50 代入 pA 中。          变量 a 的值被更改
变量 a 的值为 50。
```

　　该代码中变量 a 的值中途被更换了。但如第 3 章所述，若记述代入语句 "a = 50"，变量 a 的数值就无法更改。代码中还记述了 "*pA = 50" 这样的语句，这是因为在指针 pA 指向变量 a 时利用了 *pA 与变量 a 意义相同的性质。也可以说是

因为 *pA 的值与 a 的值相同，如图 8-9 所示。

$$*pA \longleftrightarrow a$$
相同

*pA 与 a 的意义相同

所以得出 "*pA = 50 ;" 与 "a = 50 ;" 的意义相同，如图 8-10 所示。

$$*pA = 50 ; \longleftrightarrow a = 50 ;$$
相同

图 8-10 ""*pA = 50 ;" 与 "a = 50 ;" 的意义相同

"*pA = 50 ;" 与 "a = 50 ;" 都是执行存储变量 a 的值的语句。

但想要更改变量 a 值，与其将值代入 * pA 中，还不如将值直接代入变量 a 中来得简单，如图 8-11 所示。那为何要使用更加复杂的方法呢？接下来，在 8.3 节中就来看看使用该结构灵活完成指针的方法。

使用间接引用运算符 * 能够将数值代入指针所指的变量中。

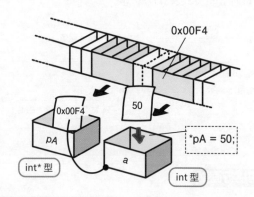

图 8-11 将值代入 *pA

"将值代入 *pA" 也就是 "将值代入指针 pA 所指的变量 a 中"。

8.3 参数与指针

 无响应函数

首先，在学习指针的简易使用方法之前，先来回忆一下第 7 章学习的"函数"。本节先来试着定义下文中的 swap() 函数。

```
// 错误的 swap 函数定义
void swap(int x, int y)
{
    int tmp;

    tmp = x;
    x = y;        使 x 和 y 交换的函数 (❶~❸)
    y = tmp;
}
```

swap() 函数是实现参数 x 与 y 值互换的函数。该函数内部，按照如下顺序交换变量 x 与 y 的值。

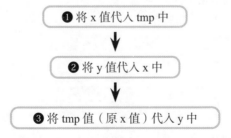

❶ 将 x 值代入 tmp 中

❷ 将 y 值代入 x 中

❸ 将 tmp 值（原 x 值）代入 y 中

以变量 tmp 为中介进行 x 值与 y 值的交换，于是二者就能实现互换。

然而在实际调用函数时，并不会按照想象的步骤执行。接下来实际应用一下函数，示例代码如下所示。

Sample6.cpp 使用错误函数

```cpp
# include <iostream>
using namespace std;

// 错误的 swap 函数声明
void swap(int x, int y);

int main()
{
    int num1 = 5;
    int num2 = 10;

    cout <<" 变量 num1 的值为 "<< num1 <<"。\n";
    cout <<" 变量 num2 的值为 "<< num2 <<"。\n";
    cout <<" 交换 num1 与 num2 的值。\n";

    swap(num1, num2);   ●───────  调用了 swap() 函数

    cout <<" 变量 num1 的值为 "<< num1 <<"。\n";
    cout <<" 变量 num2 的值为 "<< num2 <<"。\n";

    return  0;
}

// 错误的 swap 函数定义
void swap(int  x, int  y)
{
    int tmp;

    tmp = x;
    x = y;
    y = tmp;
}
```

Sample6 的执行画面

变量 num1 的值为 5。
变量 num2 的值为 10。
交换 num1 与 num2 的值。
变量 num1 的值为 5。 ┐
变量 num2 的值为 10。 ┘ ── 值并没有被交换

上述代码为了实现变量 num1 和 num2 值的交换，调用了 swap() 函数，传递实际参数 num1 和 num2。但观察执行画面可知变量 num1 和 num2 的值并没有被交换。这到底怎么回事呢？

值传递和引用传递

解开这一疑问，需要读者回顾一下第 7 章中的内容，即将参数传递至函数的方法。将实际参数传达给函数时，只有实际参数的"值"被传递到函数中。这种参数的传递方法被称为值传递（pass by value）。例如在 swap() 函数中，只有变量 num1 和 num2 的值"5"和"10"被传递到函数中，如图 8-12 所示。

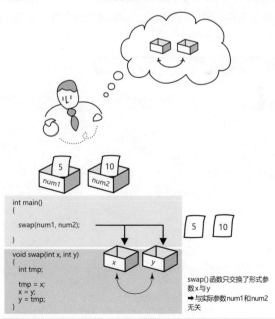

图 8-12 函数的调用（值传递）

一般的值传递无法改变调用源的实际参数。

请仔细观察图 8–12。虽然函数中执行了形式参数 x 与 y 值的交换，但只不过将变量 num1 和 num2 的值的"复制版本"5 与 10 进行交换。也就是说，即使 swap() 函数内部进行了值的交换，调用源的变量 num1 和 num2 也不会受到影响。

但如果用上指针，调用函数时就能改变指定参数的值。

为了实现这一步，必须将 swap() 函数的形式参数定义为指针。在此，请重新编写 swap() 函数，具体代码如下。

```
// swap 函数的定义
void swap(int* pX, int* pY);
{
        声明形式参数为指针
    int tmp;

    tmp = * pX;
    * pX = * pY;    使用指针，实现值的交换
    * pY = tmp;
}
```

上述代码在形式参数中使用了指针。不过，因为在函数中使用了 * 运算符交换指针所示的东西，所以和刚才的 swap() 函数内容是一样的。若要调用该函数，因为临时参数就是指针，所以只需将变量的地址作为参数而传递。那这次输出值会有什么变化呢？请看如下代码。

Sample7.cpp 在函数参数中使用指针

```
# include <iostream>
using namespace std;

// swap 函数的声明
void swap(int* pX, int* pY);

int main()
{
    int num1 = 5;
    int num2 = 10;

    cout <<" 变量 num1 的值为 "<< num1 <<"。\n";
    cout <<" 变量 num2 的值为 "<< num2 <<"。\n";
    cout <<" 交换 num1 与 num2 的值。\n";
```

```
    swap(&num1, &num2);●————————[传递地址，调用新的 swap() 函数]

    cout <<" 变量 num1 的值为 "<< num1 <<"。\n";
    cout <<" 变量 num2 的值为 "<< num2 <<"。\n";

    return 0;
}

//swap 函数的定义
void swap(i int* pX, int* pY)
{
    int tmp;

    tmp = * pX;                    ————[定义在参数中使用指
    * pX = * pY;                        针的函数]
    * pY = tmp;
}
```

Sample7 的执行画面

```
变量 num1 的值为 5。
变量 num2 的值为 10。
交换 num1 和 num2 的值。
变量 num1 的值为 10。 ————[这次成功交换了变量值]
变量 num2 的值为 5。
```

调用函数时，变量 num1 和 num2 的地址（&num1 和 &num2）被传递。于是可以看到这次成功交换了变量 num1 和 num2 的值。

如果以后想要在函数内更改调用源变量的数值，那么只需提前将形式参数设为指针，然后在调用函数时将地址传递到函数中，形式参数就会被传递进来的地址重置。也就是说，num1 和 num2 的地址被分别存储到指针 pX 和 pY 中，如图 8-13 所示。

```
        形式参数              实际参数
          pX      ◄————    num1 的地址
          pY      ◄————    num2 的地址
```

图 8-13 num1 和 num2 的地址被分别存储到指针 pX 和 pY 中

8.2 节中介绍过，指针加上 * 运算符后，就相当于该指针所指的变量。也就是说，可以认为 *pX 和 *pY 就相当于 num1 和 num2。按照 8.2 节的编写方式来看，此处也可以展示出二者关系，如图 8-14 所示。

*pX（形式参数方）◄─────► num1（实际参数方）
　　　　　　　　　　相同

*pY（形式参数方）◄─────► num2（实际参数方）
　　　　　　　　　　相同

图 8-14　*pX 和 *pY 分别与 num1 和 num2 的值相同

所以在该函数内部形成了如图 8-15 所示的关系。

变更形式参数方的 *pX、*pY ◄─────► 变更实际参数方的 num1、num2
　　　　　　　　　　　　相同

图 8-15　变更形式参数的值，实际参数的值也会变更

如图 8-16 所示，这里形式参数方与实际参数方之间存在着特定的关系，即通过调用函数，可以交换调用源变量的值。在刚才错误的函数中，传递给形式参数的是实际参数的复制数值，因此形式参数方和实际参数方没有任何联系。而这次使用指针作为函数的形式参数，就可以更改实际参数的值了。

那在函数被调用时，将实际参数的值传递到函数中这一操作就被称为引用传递（pass by reference）。这里介绍的使用指针的函数，为了传递地址到指定函数中，变成了实际的引用传递函数。

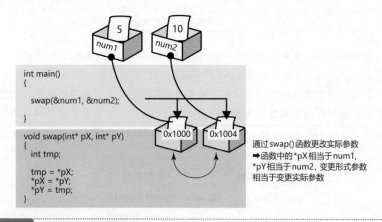

图 8-16　函数的调用（指针）

在形式参数中使用指针，能够更改实际参数。

原则上，函数中不可更改实际参数。
但使用指针，可以实现函数内实际参数的变更。

Lesson
8

8.4 参数和引用

了解引用的概念

将指针作为函数参数使用，可以更改调用源的变量数值。但由于指针直接表示数据在内存中的地址，因此也有其复杂的一面。

在此，本节介绍了一个新的功能，即"引用"(reference)。引用是在变量中初始化的修饰符，在类型名中加入 & 来声明，结构如下所示。

> 语法　引用
>
> 　　类型名 & 引用名 = 变量 ; ←────在引用名中使用修饰符

光看语句结构可能不好理解，来实际应用一下"引用"吧，请看如下代码。

```
int a;
int& rA = a;        在变量 a 中将引用 rA 初始化
```

这里代码中的"rA"就是引用，且该段码将 rA 在变量 a 中初始化了。请看以下引用功能的简单示例。

Sample8.cpp　使用引用

```
# include <iostream>
using namespace std;

int main()
{
    int a = 5;
    int& rA = a;        在变量 a 中将引用 rA 初始化
```

```
    cout <<" 变量 a 的值为 "<< a <<"。\n";
    cout <<" 引用 rA 的值为 "<< rA <<"。\n";

    rA = 50;        将值代入引用 rA 中

    cout <<" 将 50 代入 rA 中。\n";
    cout <<" 引用 rA 的值变为 "<< rA <<"。\n";
    cout <<" 变量 a 的值也变为 "<< a <<"。\n";
    cout <<" 变量 a 的地址为 "<< &a <<"。\n";
    cout <<" 引用 rA 的地址也为 "<< & rA <<"。\n";

    return 0;
}
```

Sample8 的执行画面

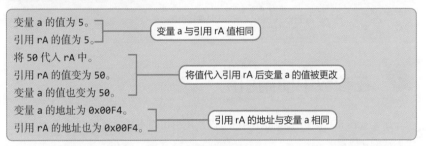

变量 a 的值为 5。 变量 a 与引用 rA 值相同
引用 rA 的值为 5。

将 50 代入 rA 中。
引用 rA 的值变为 50。 将值代入引用 rA 后变量 a 的值被更改
变量 a 的值也变为 50。

变量 a 的地址为 0x00F4。 引用 rA 的地址与变量 a 相同
引用 rA 的地址也为 0x00F4。

从输出结果可以得知，引用 rA 的值和地址与变量 a 的值和变量完全相同。通过使引用 rA 在变量 a 中初始化，指定 rA 等同于 a。也就是如图 8-17 所示的关系。

$$rA \longleftrightarrow a$$
相同

图 8-17   rA 等同于 a

这里请参考指针部分。从以上内容，也可得出图 8-18 所示的关系。

$$rA = 50; \longleftrightarrow a = 50;$$
相同

图 8-18   rA=50 等同于 a=50

所以如 Sample8 所示，使用引用 rA 可以更改变量 a 的值，即使用引用 rA 可以操纵变量 a，如图 8-19 所示。

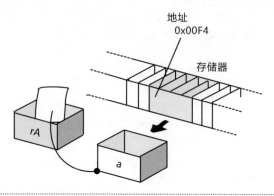

地址
0x00F4

存储器

rA

a

图 8-19 引用

使用引用 rA 可以操控将 rA 初始化的变量。

但要注意的是引用必须在其引用对象的变量中进行初始化。也就是说在以下的情况中，不执行初始化，也就无法使用引用。

```
int& rA;
rA = a;
```
由于没有初始化，所以无法使用引用

 在参数中使用引用

那么现在 8.3 节中的 swap() 函数可以使用引用而不是指针来定义了。请参考如下示例代码。

Sample9.cpp 在函数参数中使用引用

```
# include <iostream>
using namespace std;

//swap 函数的声明
void swap(int& x, int& y);

int main()
{
    int num1 = 5;
    int num 2 = 10;
```

```
    cout <<" 变量 num1 的值为 "<< num1 <<"。\n";
    cout <<" 变量 num2 的值为 "<< num2 <<"。\n";
    cout <<" 交换 num1 与 num2 的值。\n";

    swap(num1, num2);

    cout <<" 变量 num1 的值为 "<< num1 <<"。\n";
    cout <<" 变量 num2 的值为 "<< num2 <<"。\n";

    return 0;
}

//swap 函数的定义
void swap(int&  x, int&  y)
{
    int tmp;

    tmp = x;
    x = y;
    y = tmp;
}
```

Sample9 的执行画面

```
变量 num1 的值为 5。
变量 num2 的值为 10。
交换 num1 与 num2 的值。
变量 num1 的值为 10。  ┐
变量 num2 的值为 5。   ┘  成功交换变量值
```

使用将引用作为参数的 swap() 函数，就能将变量 num1 和变量 num2 原封不动地作为实际参数进行传递。也就是说，将作为引用的形式参数在实际参数中初始化。该初始化就意味着形式参数方相当于实际参数方，如图 8-20 所示。

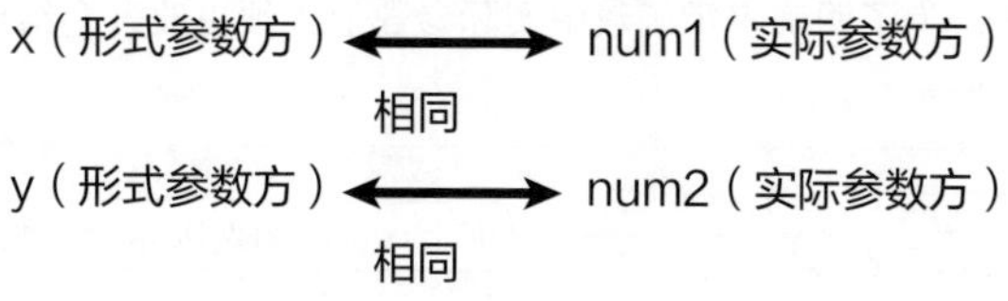

```
x（形式参数方）◀━━━━▶ num1（实际参数方）
              相同
y（形式参数方）◀━━━━▶ num2（实际参数方）
              相同
```

图 8-20　形式参数方相当于实际参数方

如图 8-21 所示，交换形式参数之后，实际参数也被调换。因此使用引用，和将指针作为参数时一样，只要更改形式参数，就能更改实际参数。

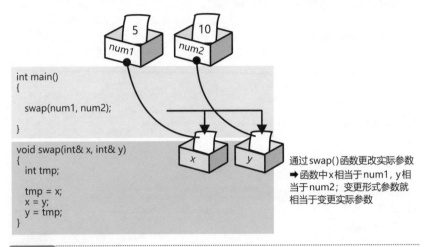

```
int main()
{
    swap(num1, num2);
}
void swap(int& x, int& y)
{
    int tmp;

    tmp = x;
    x = y;
    y = tmp;
}
```

通过 swap() 函数更改实际参数
➡ 函数中 x 相当于 num1，y 相当于 num2；变更形式参数就相当于变更实际参数

图 8-21 函数的调用（引用）
在形式参数中使用引用，可以变更实际参数。

从以上内容可以看出，引用和指针有相同的作用，但引用和指针终究是不同的概念，所以不能将引用代入指针中。

想要在函数中变更实际参数，可以使用引用。

 如不想变更实际参数该如何处理

即使使用了指针或引用功能，函数也未必需要更改实际参数。所以根据函数内容的变化，有时即使使用了指针或引用功能，也不一定想要变更实际参数。

这种情况下，为了明确表示函数中实际参数值无须更改，会给形式参数加上 const，代码如下所示。

```
void func(const int* pX);
void func(const int* x);
```

加上 const，函数中的实际参数就无法更改

该代码是表明不改变实际参数的函数声明。如果使用了 const，还在函数内编

写变更参数值，就会出现错误。

```
// func1 函数的定义
void func1(const int* pX)                    ┌─────────┐
{                                            │ 加上 const │
                                             └─────────┘
    cout << " 输出 " << * pX <<"。\n";
                                             ┌───────────────┐
                                             │ 无法更改实际参数 │
    // * pX = 10;●                           └───────────────┘
}
void func2(const int& x)
{
    cout <<" 输出 "<< x <<"。\n";

    // x = 10;
}
```

在 func1() 函数、func2() 函数中，不能对参数进行变更。

是否指定 const 都没关系。但指定 const 时，能明确表示不变更实际参数，写下的代码不容易发生错误。

> 参数指定 const，就不能在函数中变更数值了。

8.5 章节总结

通过本章，读者学习了以下内容。

- 地址可以直接显示数据在存储器中的位置。
- 指针是存储特定地址的变量。
- 使用取地址运算符 &，可以知道变量地址。
- 在指针中使用间接引用运算符 *，可以得知指针所指变量的数值。
- 参数原则上可以通过值传递传递数值到函数中。
- 在函数形式参数中使用指针，可以更改调用源的实际参数。
- 在函数形式参数中使用引用，可以更改调用源的实际参数。
- 在形式参数中指定 const，就无法更改实际参数。

本章学习了使用指针，可以直接表示存储器中数值的位置。还学习了使用指针引用传递函数参数的方法。指针的概念稍微有些复杂，但请不要担心，一点一点扎实地复习一定会有理想的成果。

练习

1. 请用○或 × 判断下列语句。

① 下列代码在任何计算机上输出的结果都一样。

```
# include <iostream>
using namespace std;

int main()
{
    int a = 5;
    cout <<" 变量 a 的地址为 "<< &a <<"。\n";

    return 0;
}
```

② 声明指针后，能将其他语句中的变量地址代入指针中。

③ 不对引用进行重置能将其他语句中的变量代入引用中。

2. 请使用指针定义一个 add() 函数，求两门科目考试分数 (x1，x2) 加上 a 分后的成绩。从键盘上输入 x1、x2，编写输出结果如下的代码。

```
请输入两门科目的分数。
78 ↵
65 ↵
请输入加上的分数。
12 ↵
因为加了 12 分
科目一变成 90 分。
科目二变成 77 分。
```

3. 请使用引用重新定义第 2 题中的函数。

第 9 章

数　组

第 3 章中，读者学习了使用变量存储特定值的知识。其实在 C++ 中还具有将相同类型的多个值存储在一起的功能，被称为"数组"。使用数组，可以整齐地编写处理大量数据的复杂代码。在本章中，读者将了解数组的工作原理。

Check Point

- 数组
- 数组的声明
- 数组元素
- 下标
- 数组初始化
- 数组和指针的关系
- 指针的运算
- 参数和数组
- 字符串和数组
- 标准库

9.1 数组的基本知识

 了解数组的工作原理

在程序中经常要进行众多数据的处理。例如，尝试考虑处理一个有 50 个学生的班级的考试成绩程序。

使用目前为止所学的知识，可以编写代码来存储和管理变量中 50 个人的考试成绩。因此，请准备总共 50 个名为 test1~test50 的变量，代码如下所示。

```
Int test1=80;
Int test2=60;
Int test3=22;     ── 初始化 50 个变量
...
Int test50=35;
```

但是，如此多的变量的出现会使代码变得复杂且难以阅读。在这种情况下，使用数组（array）就会很方便，如图 9-1 所示。

回想一下，变量具有存储一个特定值的能力。数组也与变量具有相同的作用，能够"存储特定值"。但是，数组具有将相同类型的多个值存储在一起的便利功能。

试着想象一下许多成对排列的同名盒子的图像。像变量一样，在数组中可以存储和使用值，而数组中的每个盒子被称为数组的元素（element）。

数组具有将相同类型的值存储在一起的功能。

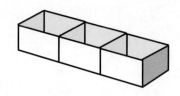

图 9-1　**数组**

　　使用数组将相同类型的值存储在一起。

数组的使用

　　除了成绩分数之外，在许多情况下都将在程序中处理如产品的每月销售额这样相同类型的数据。如果需要一次使用许多同种的值，则可以考虑使用数组。

　　当处理不同类型的值时，除了数组之外，还将使用会在后面章节中被介绍到的结构体和类。

9.2 数组的声明

声明数组

现在，来试一试数组的使用。像变量一样，需要先进行数组声明，然后才能使用数组。

数组的声明是指准备数组的多个盒子。对于数组，请从修饰符（第3章）中准备适当的数组名称并指定类型。

另外，还需要指定**能在数组中存储多少值**。则在数组中，需要指定盒子的个数。这个盒子的数量指的就是数组中的元素数量。

数组声明具有以下结构。

语法 **数组的声明**

> 类型名称　数组名称"元素数"；◀── 指定类型名称和元素数量

现在，请试着声明一个可以存储 5 个 int 型值，且包含 5 个元素数量的数组test[5] 吧。

```
int test[5];
```
◀── 声明了一个可以存储 5 个 int 类型值的数组

数组中的元素数量必须是固定的。换句话说，在 [] 中输入的数字必须是如 5或 10 这样的固定数字。

在准备好的数组盒子（元素）中，逐个添加以下名字。

```
test[0]
test[1]
test[2]
test[3]
test[4]
```

在 [] 中指定的数字被称为**下标**（index）。使用这个下标，可以识别数组的盒子。

C++ 数组的下标是从 0 开始的，因此最后一个下标就应该是"元素数量 –1"。也就是说，对于具有 5 个元素的数组来说，test[4] 的值是可以被存储的最后一个元素。需要注意的是，没有名为 test[5] 的元素，如图 9–2 所示。

通过指定元素的类型和数量来声明数组。

最后一个数组元素的下标要比元素数量少 1。

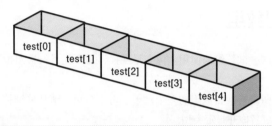

图 9-2 数组的声明

如果声明一个由 5 个元素组成的数组，则下标将为 0~4。

9.3 数组的使用

给数组元素赋值

现在来试试将值存储在已准备好的数组中。因为数组的每个元素都可以使用 test[0]、test[l]……这样的名称处理，所以尝试着逐个向里面赋值。可以向该数组中的盒子里代入一个整数值，代码如下所示。

```
int test[5];          对数组进行声明
test[0]=80;
test[1]=60;
test[2]=22;           给数组元素中逐个赋值
test[3]=50;
test[4]=75;
```

在这里，成绩的分数被代入到 5 个数组元素中。给数组元素赋值的方法与变量相同，如图 9-3 所示。 所需要做的就是指定数组盒子，并使用赋值运算符 = 将其写入即可，结构如下所示。

语法 给数组元素赋值

数组名称"下标"=表达式 ;

重要

要将值存储到数组中，就要使用下标指定元素并代入值。

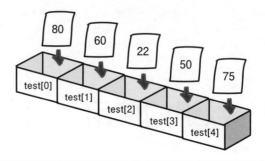

图 9-3 给数组赋值

可以将值存储在数组中。

输出数组元素的值

现在，请实际使用数组来编写代码。因为每个元素的下标都是从 0 开始按顺序排列的，所以可以使用在第 6 章中学习的循环语句来进行整齐的编写。请尝试使用循环语句创建一个代码，以输出存储在数组中的考试成绩，代码如下所示。

Sample1.cpp 输出数组元素的值

```cpp
# include <iostream>
using namespace std;

int main()
{
    int test[5];                        对数组进行声明

    test[0]=80;
    test[1]=60;
    test[2]=22;                         给数组元素逐个赋值
    test[3]=50;
    test[4]=75;

                                        使用循环语句输出数组元素
    for(int i=0; i<5;i++){
        cout<<" 第 " << i+1 << " 个人的分数是 "<<test[i]<< " 。\n";
    }
```

```
    return  0;
}
```

Sample1 的执行画面

第 1 个人的分数是 80。
第 2 个人的分数是 60。
第 3 个人的分数是 22。
第 4 个人的分数是 50。
第 5 个人的分数是 75。

> 数组元素的值按照顺序被输出

在 Sample1 中，首先将值赋值给数组中的每个元素。之后，使用 for 语句输出每个元素的值。由于数组的下标是从 0 开始的,因此在循环语句中将输出为"i+1"这样的顺序。

在这样的数组中，可对**指定各元素的下标使用变量**。这样就可以在重复的语句中输出"第几个学生的分数是……"。这样使用数组和循环语句可以整齐地编写代码。

重要

> 通过使用数组和循环语句，可以轻松处理大量数据。

初始化数组

数组中有很多种编写的方法。Sample1 在单独的代码中编写了"数组的声明"和"赋值"，因而该数组可以同时完成这两个任务。这就被称为数组初始化。

语法　**数值初始化**

> 类型名称 数组名称 { 元素数量 }={ 值 0，值 1，... };

Sample1 中的考试成绩的数组可以初始化为：

```
int test[5]={80,60,22,50,75};
```
> 初始化 5 个数组元素

通过在 {} 中逐个输入值来表示赋值到每个元素中。然后，在准备好数组时，将 80、60…存储到元素中。

在 {} 中指定的值被称为**初始值**（initializer）。这里的 80、60…便是初始值。

另外，初始化数组时，无须在 [] 中指定数组元素的数量。这是因为，如果不指定元素的数量，则会根据初始值的数量自动准备元素。因此，以下初始化代码与上面的代码具有完全相同的含义。

```
int test[5]={80,60,22,50,75};
```

即使没有指定元素数量，也会准备 5 个数组元素

初始化数组，可同时进行声明和存储数值。

重要

✏️ 注意数组的下标

另外，使用数组时需要注意**不能使用超过数组大小的元素**。例如，Sample1 中代码已声明了一个包含 5 个元素的数组。使用此数组时，不能通过指定如 test [10] 这样的下标来赋值，代码如下所示。

```
int test[5];
// 错误
//test[10]=50;
```
不能这样赋值

test[10] 这样的要素是不存在的，也是错误的。因此在编写代码时要注意数组下标，如图 9-4 所示。

避免向超出数组大小的元素里代入值。

重要

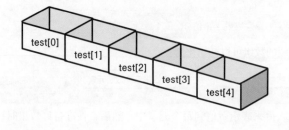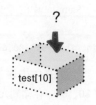

图 9-4 给数组元素赋值时的注意事项
给数组元素赋值时，需要注意下标数字。

9.4 数组的应用

 ## 从键盘中输入

现在，请尝试编写可以输出存储在数组中的考试成绩的值的代码。为了能简单地更改数组数量，可以使用常量。如果要使用常量，请在初始化变量时指定 const 关键字，代码如下所示。

Sample2.cpp　输入数组元素的数量

```cpp
# include <iostream>
using namespace std;

int main()
{
    const int num=5;          使用一个常量来指定人数
    int test[num];

    cout " 请输入 "<<num<<" 个人的分数。\n";
    for(int i=0; i<num; i++){
        cin >>test[i];        输入 5 个人的分数
    }

    for(int j=0; j<num; j++){
        cout<<" 第 "<< j+1 <<" 个人的分数是 "<<test[j]<< "。\n";
    }                          使用数组输出
                               已输入的值
    return 0;
}
```

Sample2 的执行画面

```
请输入 5 个人的分数。
22 ↵
80 ↵
57 ↵
60 ↵
50 ↵
第 1 个人的分数是 22。
第 2 个人的分数是 80。
第 3 个人的分数是 57。
第 4 个人的分数是 60。
第 5 个人的分数是 50。
```

在这个代码中，输入的值将存储在数组中，并使用 for 语句输出。在此，数组函数对于集中输出成绩来说很方便。

这个代码中使用了带有 const 指定的常量。因此，可以很简单地根据参加考试的人数来重新输入值以编写程序。换句话说，如果在 "const int num = 5;" 部分中更换 "5" 的值，则可以管理更多人的考试成绩。

对数组的内容进行排序

接下来看另一个使用数组的应用程序。请对考试成绩进行排序，如图 9-5 所示。这种按顺序对值进行排列的程序被称为排序（sort）。数组可以在一个元素中存储多个值，这对于排序代码很有用。

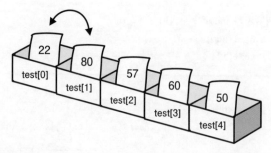

图 9-5 对考试成绩进行排序

Sample3.cpp 对数组的元素进行排序

```cpp
# include <iostream>
using namespace std;

int main()
{
    const int num=5;
    int test[num];

    cout<<" 请输入 " <<num<<" 个人的分数。\n"";
        for(int i=0; i<num; i++){
            cin >>test[i];
    }
    for(int s=0; s<num-1;s++){
        for(int t=s+1; t<num; t++){
            if(test[t] > test[s]){
                int tmp =test[t];
                test[t]=test[s];
                test[s]=tmp;
            }
        }
    }

    for(int j=0; j<num; j++){
        cout<<" 第 "<< j+1 <<" 个人的分数是 "<<test[j]<< "。\n";
    }

    return 0;
}
```

排列数组

Sample3 的执行画面

```
请输入 5 个人的分数。
22 ⏎
80 ⏎
57 ⏎
60 ⏎
```

> 50 ⏎
> 第 1 名的分数是 80。
> 第 2 名的分数是 60。
> 第 3 名的分数是 57。
> 第 4 名的分数是 50。
> 第 5 名的分数是 22。

该代码按降序对数组的元素进行排序。查看执行结果，确实可以按分数的降序输出。

有很多方法可以对数组进行排序，但是在这里使用以下方法。接下来就按顺序依次看一下。

❶ 首先，将数组的每个元素与数组的第一个元素进行比较（test[0]）。如果比较的元素较大，则将其替换为第一个元素。然后，可以将最大值存储在数组的第一个元素中，如图 9-6 所示。

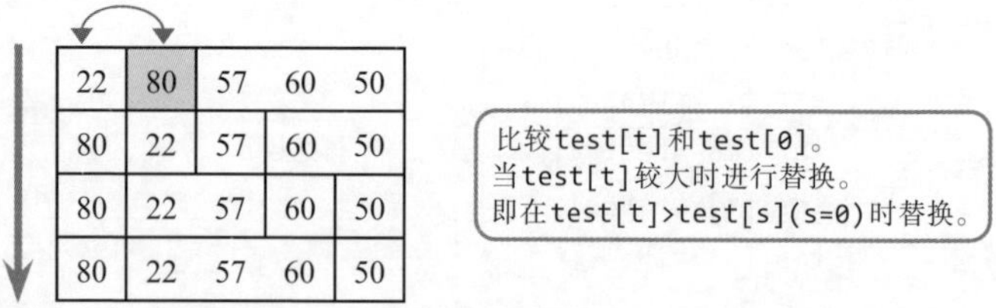

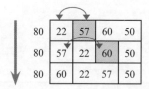

图 9-6　将含有最大值的元素替换为第一个元素

❷ 现在，数组的第一个元素是最大值。因此，对其余元素重复相同的过程。也就是说，将其余元素与数组的第二个元素（test[1]）进行比较，如果较大，则将其替换，如图 9-7 所示。最后，第二大数字成为第二个元素。

图 9-7　将较大值的元素替换为第二个元素

❸ 进行重复以完成对数组的排序：80　60　57　50　22。

虽然有点麻烦，但还是将其与 Sample3 中的代码进行比较以检查顺序是否正确。Sample3 通过重复的语句编写了此排序的顺序。

为了替换元素，需要一个与要替换的元素相同类型的变量。因此，在这个排序过程中使用变量 tmp。

了解多维数组的工作原理

目前为止学过的数组都是排列成一排的盒子的形象。但在 C++ 中，还可以创建像多排盒子排列的多维数组。如果是二维数组，则可以将其想象成为计算软件的表格（工作表）。如果是三维数组，则可以想到由 X 轴、Y 轴和 Z 轴表示的立体图像。

多维数组的声明结构如下所示。

 语法 多维数组（二维）

> 类型名称 数组名称 "元素数量" "元素数量"；

请看以下多维数组的实际声明。

```
int test[2][5];
```

此二维数组是可以存储 2 × 5 = 10 个 int 类型值的数组。多维阵列可以用于各种目的。例如，可以整理多科目的考试成绩，也可以应用于数学矩阵公式的计算中。

在这里，作为一个简单的示例，请尝试整理并存储 5 个人的"语文"和"数学"的考试成绩，并看看如何为二维数组赋值。示例代码如下。

Sample4.cpp 使用二维数组

```
# include <iostream>
using namespace std;

int main()
{
    const int sub=2;          科目数
    const int num=5;          人数

                              一个二维数组以存储科目 × 人数的值
    int  test [sub][num];
}
```

```
    test [0][0] =80
    test [0][1] =60
    test [0][2] =22
    test [0][3] =50
    test [0][4] =75                          逐个进行赋值
    test [1][0] =90
    test [1][1] =55
    test [1][2] =68
    test [1][3] =72
    test [1][4] =58
                                             输出语文分数

    for(int i=0;i<num; i++){
        cout <<" 第 "<< i+1 << " 个人的语文分数是 "<<test[0][i]<<
            "。\n";
        cout <<" 第 "<<i+1<<" 个人的数学分数是 "<<test[1][i]<<
            "。\n";                           输出数学分数
    }

    return 0;
}
```

Sample4 的执行画面

```
第 1 个人的语文分数是 80。
第 1 个人的数学分数是 90。
第 2 个人的语文分数是 60。
第 2 个人的数学分数是 55。
第 3 个人的语文分数是 22。
第 3 个人的数学分数是 68。
第 4 个人的语文分数是 50。
第 4 个人的数学分数是 72。
第 5 个人的语文分数是 75。
第 5 个人的数学分数是 58。
```

在这里，将语文分数存储在 test[0] 中，将数学分数存储在 test[1] 中，重复输出带有嵌套的 for 语句。给二维以上的数组赋值和输出值的用法基本相同。

另外还可以初始化多维数组。在多维数组中，在常规数组的初始化中使用的 {} 中再次描述了 {}。以下代码是初始化 Sample4 多维数组的描述。

```
int test[2][5]={
          {80,60,22,50,75},{90,55,68,72,58}
};

int test[][5]={
          {80,60,22,50,75},{90,55,68,72,58}
};
```

此处可以省略

多维数组与一维数组一样，可以省略第一数组中的元素数。多维数组之所以可以做到这一点，是因为在 C++ 内部，将一维数组的每个元素都视为一个数组，如图 9-8 所示。

可以通过声明多维数组来排序。

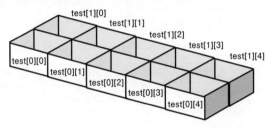

图 9-8　多维数组
数组可以多维化。

轻松提取数组元素

除了到目前为止介绍的 for 语句外，C++ 里还有能够简单将数组元素提取出的 for 语句（范围 for 语句）。

使用此 for 语句，可以按以下方式提取和处理指定变量中数组的元素。如果在实际操作中使用它将会很方便。

将数组要素逐个排列

提取指定的变量

```
for( 类型 变量名: 数组名 ){
    …= 变量名 ;
}
```

利用变量能够处理各个要素的值

9.5 数组和指针之间的关系

 了解数组名称的工作原理

第 8 章中学习的指针和数组具有紧密关系。要查看这种关系，就要从查看数组每个元素的地址开始。

请回想一下在第 8 章中学到的地址运算符（＆）。与变量一样，数组的每个元素上都可以使用＆运算符，以查找该元素的存储地址，代码如下所示。

```
& test[0]      表示数组第一个元素的地址
& test[1]      表示数组第二个元素的地址
```

使用这种表示方法，可以知道存储数组的第一个元素（test [0]）和第二个元素（test [1]）的值的地址。

此外，在数组中，数组元素的地址可以用特殊的方式表示，即数组的第一个元素的地址可以简单地通过描述"数组名"来表示。

```
test      表示数组第一个元素的地址
```

如果添加 []，就不能再添加下标。也就没有必要使用＆运算符。

若要查看此表示方法的工作原理，请尝试输入以下代码。

Sample5.cpp 通过数组名可知道第一个元素的值

```cpp
# include <iostream>
using namespace std;


int main()
```

Sample5 的执行画面

```
test[0] 的值是 80。
test[0] 的地址是 0x00E4。          &test[0] 和 test 都表示第一个元素的地址
test 的值是 0x00E4。
所以 *test 的值是 80。              表示数组的第一个元素
```

由输出结果可以看到 test 的值与"& test [0]"相同。这样，数组名 [test]，就可以表示数组第一个元素 test[0] 的地址。因此数组名是存储该数组的第一个元素的地址的指针。因此可以说它们具有相同的功能。数组名称可以像指向数组第一个元素的指针一样使用。

正如在第 8 章中了解到的那样，在指针上可以使用间接引用运算符（*）来了解其指向的变量的值。即使将 * 运算符添加到数组名称 test 中，也可以以相同方式显示作为数组的第一个元素的 test [0] 的值，如图 9–9 所示。执行结果的总结如图 9–10 所示。

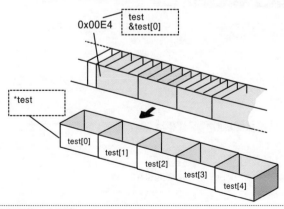

图 9–9　数组名和第一个元素

在数组名里添加 *，就能表示数组的第一个元素的值。

test	&test[0]	➡ 数组第一个元素的地址
*test	test[0]	➡ 数组第一个元素的值

图 9-10 执行结果总结

了解指针运算的工作原理

数组名称可以用作指向数组第一个元素的指针。在 C++ 语言中，当指针与数组有紧密关系时，可以对指针执行表 9-1 中所示的操作。

表 9-1　指针的运算

运算符	指针运算	示例（p、p1、p2 是指针）
+	p+1	获得紧接着 p 元素后面的元素的地址
–	p-1 p1-p2	获得在 p 元素前面的元素的地址 获得 p1 和 p2 之间的元素数
++	p++	获得下一个元素 p 的地址
–	p––	获得前一个元素 p 的地址

指针的运算和第 4 章学习过的四则运算等的计算方法有些许不一样。比如 + 运算符。使用 + 运算符对 "p+1" 进行计算，能够进行获得紧接着 p 的下一个元素的地址的运算，而不是进行 "在地址的值的基础上加 1" 的计算。

那么，请看下面的示例，试着进行指针运算。

Sample6.cpp　进行指针运算

```
# include <iostream>
using namespace std;

int main()
{
    int test[5]={80,60,55,22,75};

    cout<<"test[0] 的值是 "<<test[0]<< "。\n";
    cout<<"test[0] 的地址是 "<<&test[0]<< "。\n";
    cout<<"test 的值是 "<<test<< "。\n";
    cout<<"test+1 的值是 "<<test+1<< "。\n";
```

> 表示紧接着第一个元素的后一元素的地址

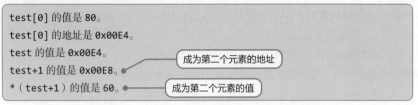

```
    cout<<"*（test+1）的值是 "<<*（test+1）<< "。\n";

    return 0;
}
```

表示紧接着第一个
元素的后一元素的值

Sample6 的执行画面

```
test[0] 的值是 80。
test[0] 的地址是 0x00E4。
test 的值是 0x00E4。
test+1 的值是 0x00E8。
*（test+1）的值是 60。
```

成为第二个元素的地址

成为第二个元素的值

在 Sample6 中使用了 + 运算符添加指针。test 中添加了 1，也就是 [test+1]。因此下一个元素，即数组里的第二个元素的地址被输出。此外，使用 * 运算符查看 "*（test+1）"，就能知道数组里第二个元素的值。也就是说，"*（test+1）" 和数组的第二元素 test[1] 表示同一个意思。

以上内容总结如图 9-11 和图 9-12 所示。由此可知，使用下标的编写方法和添加指针的编写方法都能够表示数组中的同一个元素。

*test	test[0]	➡ 数值的第一个元素的值
*(test+1)	test[1]	➡ 数值的第二个元素的值
*(test+2)	test[2]	➡ 数值的第三个元素的值
...	...	...

图 9-11 下标和指针的相同用法

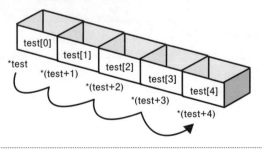

图 9-12 指针运算

数组名（指针）里使用 + 运算符时，通过添加数字就能够指代前面的元素。

当指针和数组关系紧密时，就能够进行指针运算。

使用数组名时的注意事项

可以把数组名和储存数组中的第一个元素的地址的指针正如之前说明的一样，数组名被认为与存储数组的第一个元素的地址的指针相同。但是，这里的指针与普通指针还是有所不同。因为由**数组名表示的指针中，不能代入其他的地址**。请看下面的代码。

```
# include <iostream>
Using namespace std;

Int main()
{
    int a=5;
    int test[5]={80,60,55,22,75};

    // 错误
    //test=&a;          不能代入其他地址

    return 0;
}
```

正如在第 8 章中所学的那样，常规指针中是可以置换为其他变量的地址的。但是，数组名不能代表除数组的第一个元素以外的地址。也就是说，注意不能将变量 a 的地址代入 test 中。

9.6 参数和数组

将数组当作参数使用

数组和指针有着密不可分的关系。在本节中将介绍利用这两者关系的各种代码。

首先，让我们看一下使用数组作为函数参数的代码。请先输入以下代码。

Sample7.cpp 使用数组作为函数参数

```
# include <iostream>
Using namespace std;

//avg 函数声明
double avg(int t[]);

int main()
{
    int test[5];

    cout<<"请输入 5 个人的考试分数。\n";
    for (int i=0; i<5; i++){
        cin>> test[i];
    }
    double ans=avg(test);
    cout <<"5 个人的平均分是 "<<ans<<" 分。\n";

    return 0;
```

使用数组作为函数参数

将数组名称作为实际参数传递

```
}

//avg 函数的定义
double avg（int t[]）
{
    double sum=0;
    for(int i=0; i<5; i++){
        sum+=t[i];
    }
    return sum/5;
}
```

使用数组

Sample7 的执行画面

```
请输入 5 个人的考试分数。
80 ↵
60 ↵
55 ↵
22 ↵
75 ↵
5 个人的平均分是 58.4 分。
```

在推算这 5 个人考试平均分数的 avg() 函数中，使用了数组作为参数。此时，请注意在形式参数中描述了 t []，并且描述了数组名 test 且将其作为实际参数传递。因此，当使用数组作为参数时，需要将数组名作为实际参数传递。

如前所学，因为数组名表示第一个元素的地址，所以仅向函数传递数组第一个元素的地址，而不是传递数组名的元素值。在这里请注意，将数组传递给函数时，要使用这种传递第一个元素地址的方法。

使用指针作为参数

利用 9.5 节中所学到的数组和指针之间的紧密关系，可以像指针一样编写相同的函数。请看以下代码。

```
// avg 函数声明
double avg（int* pT）;
...
```

```
// avg 函数的定义
double avg（int* pT）
{                              ─── 形式参数可以写为指针
    double sum=0;
    for(int i=0; i<5; i++){
        sum+=*(pT+i);
    }                          ─── 数组可用于指针运算符号
    return sum/5;
}
```

该函数的形式参数是指针 pT。 此时，如果从调用源传递了数组第一个元素的地址，则指针 pT 会使用该地址进行初始化。 因此，在该函数中，可以通过对指针 pT 执行指针操作来处理数组元素。换句话说，可以使用此 avg() 函数代替 Sample7 中的 avg() 函数。完整代码如下所示。

```
# include <iostream>
using namespace std;

// avg 函数的声明
double avg（int* pT）;

int main()
{
    int test[5];
    cout<<" 请输入 5 个人的考试分数。\n";
    for (int i=0; i<5; i++){
        cin>> test[i];
    }

    double ans=avg(test);
    cout <<"5 个人的平均分是 "<<ans<<" 分。\n";

    return 0;
}

 // avg 函数的定义
double avg（int* pT）
{                              ─── 用指针标记形式参数
```

```
    double sum=0;
    for(int i=0; i<5; i++){
        sum+=+(pT+i);
    }
    return sum/5;
}
```

通过指针运算来处理

使用 avg() 函数的部分代码与 Sample7 完全相同。接收数组的函数通常使用此类指针表示形式参数，如图 9–13 所示。

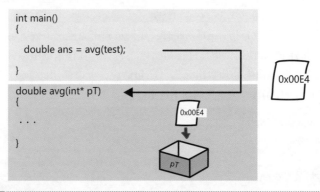

```
int main()
{
    double ans = avg(test);
}
double avg(int* pT)
{
    ...
}
```

0x00E4

0x00E4

pT

图 9-13 参数和数组

可以将指针用作形式参数，并接收数组第一个元素的地址。

在指针中运用 [] 运算符

目前为止，已经了解了数组名可以视为指向第一个元素的指针。相反，实际上，可以**使用 [] 编写指针**，并将其写为数组。例如，上一个 avg() 函数中的指针 pT，就可以使用 [] 编写，如下所示。

可以使用 [] 编写指针

pT[2]

[] 也可以称作**下标运算符**（subscript operator）。用 [] 编写指针表示从指针 pT 数起的前两个元素。当指针指向数组时，可以在指针上添加 [] 以表示其指向的元素。表示法与数组完全相同。

但是需要注意的是，要想正确地使用 []，只有在指针和数组存在密切关系时才能够使用。在此函数中，数组的第一个元素的地址作为实际参数传递，因此可以使用 [] 表示法。如果将 [] 用于其他指针，则在运行程序时可能会遇到意外错误，因此在使用该程序时要小心。

通过将 [] 运算符应用于之前创建的 avg() 函数中的指针，可以将以下代码表示为数组。

```
// avg 函数的定义
double avg（int* pT）)
{
    double sum=0;
    for(int i=0; i<5; i++){
        sum+=pT[i];
    }
    return sum/5;
}
```

可以使用 [] 作为指针

通过在循环语句中使用符号 pT [i]，可以按顺序访问指针 pT 指向的数组元素。换句话说，此功能与之前的 avg() 函数完全相同。这样，当指针和数组之间存在关系时，可以用相同的方式处理指针和数组。

9.7 字符串和数组

了解字符串和数组的关系

接下来学习关于数组应用的内容。实际上，已多次出现的"字符串"与数组有密切的关系。

字符串是诸如 "Hello" 之类的字符。在 C++ 中，可以使用"char 型数组"来处理此类英文字母字符串。[char 型] 就像在第 3 章中介绍的那样，是代表"字符"的类型。由于字符串由一系列字符组成，因此可以使用这种类型的数组进行处理。

例如，上面的 "Hello" 字符串，可以做如下处理。

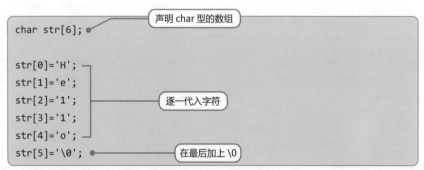

```
char str[6];          ← 声明 char 型的数组

str[0]='H';
str[1]='e';
str[2]='1';           ← 逐一代入字符
str[3]='1';
str[4]='o';
str[5]='\0';          ← 在最后加上 \0
```

声明 char 型的数组后，就要在各个元素中逐一代入字符。这样，就可以在数组 str [] 中处理字符串 "Hello"。

但是，在 C ++ 语言中，字符串的处理方式可能有所不同，因此在这里仅处理英文字母和数字字符。

在此数组末尾代入的 '\0' 到底是什么？此字符被称为 NULL 字符（NULL character）。在将字符串表示为数组时，为了表示数组的结束，一定要在结尾添加 '\0'。

一定不要忘记代入 '\0'。特别是在声明数组时，尤其要注意。并且必须记住为此 \0 留有空间。

例如，考虑由 5 个字符组成 "Hello" 字符串的情况。在这种情况下，虽说字符串包含 5 个字符，但仅包含 5 个元素的数组是无法处理该字符串的。此时，需要准备至少 6 个数组元素。所以至少需要"字符串长度 +1"个元素，如图 9-14 所示。

将字符串视为 char 型数组。
字符串数组的最后一个 "Hello" 元素是 '\0'。
字符串数组中的元素数必须为"字符串长度 +1"或以上。

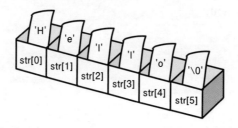

图 9-14　字符串数组
字符串数组的最后一个元素是 NULL 字符（\0）。

初始化字符串数组

字符串也可以如下初始化，并存储在 char 类型的数组中。

```
char str [6] ={'H', 'e', '1', '1', 'o', '0', '\0'};   可以初始化数组
char str [] ={'H', 'e', '1', '1', 'o', '0', '\0'};
char str [6] ="Hello";
char str [] ="Hello";                使用 "" 也可以初始化
```

这些代码都是为了处理字符串 "Hello" 而对 char 型数组 str [6] 进行初始化。除了常规的数组初始化方法以外，还可以使用如上所述的用 " " 引起来并进行初始化的方法。如果使用 "" 初始化字符串数组，则将自动添加 NULL 字符（\0）。而且使用 "" 的存储方法只能在初始化时使用，示例代码如下所示。因为在使用过 "" 后就不能代入字符串了。

```
                       使用 "" 能够进行初始化
char str [6] ="Hello";
```

259

```
/* 错误 */
/* str = "Hello" */ ●————— 使用 "" 后将无法代入字符串
```

输出字符串数组

那么，接下来试着输出存储在数组中的字符串。首先输入以下代码。

Sample8.cpp 输出字符串

```
# include <iostream>
Using namespace std;

int main()
{
    char str []="Hello";

    cout << str<<'\n';
    ————— 输出字符串

    return 0;
}
```

Sample8 的执行画面

```
Hello
```

像上述代码编写的一样，使用 cout<< 符号就可以输出所有字符串。

使用指针处理字符串

使用指向 char 型的指针也可以处理字符串，如下述代码所示。

```
char * str = "Hello";
```

注意在这种情况下的 str，表示一个指向 char 型的指针。代入 char 型的指针，如图 9–15 所示。使用指针进行处理时，通过使用 ""，字符串将存储在内存中的其他位置并指向该位置。

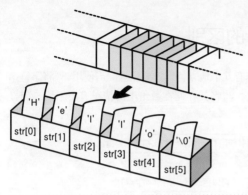

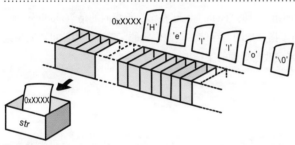

图 9-15　字符串处理

用 char str []="Hello"（数组）可以处理字符串（上）。

用 char*str ="Hello"（指针）可以处理字符串（下）。

即使将字符串视为指向 char 类型的指针，也可以输出字符串。请尝试一下。

Sample9.cpp　通过指针输出字符串

```cpp
# include <iostream>
using namespace std;

int main()
{
    char*str ="Hello";

    cout << str<<'\n';

    return 0;
}
```

输出字符串

输出的结果和 Sample8 一致。

了解数组和指针的区别

用数组和指针处理字符串时，有几个地方特别需要注意。当使用 " " 将字符串（的第一个元素）存储在指针中时，与将其存储在数组中的情况有所不同，而且使用 "" 可以更改处理的字符串。

```
char * str = "Hello";        使用 "" 可以将字符串初始化为指针
str = "Goodbye"              使用 "" 可以更改指针所指向的字符串
```

在此代码中，str 指向第一行的 "Hello"。 str 在第二行指向的是 "Goodbye"。

如图 9-16 所示，由于指针指的是存储在其他位置的字符串，因此可以简单地通过更改指针指向的点来更改要处理的字符串。

不能代入到数组名中

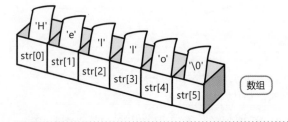

通过代入指针
来更改指针指向的点

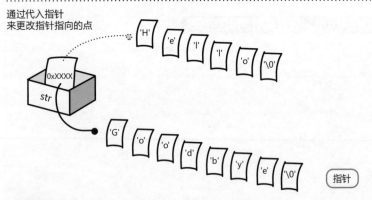

图 9-16　**数组和指针的差异**
将字符串作为数组处理时，无法通过将字符串代入数组名来更改字符串（上）。
将字符串作为指针处理时，则可以通过将字符串代入指针来更改字符串（下）。

另外，在输入字符串时，必须要确保声明数组，确保存储字符串的区域。

```
char str [100];
...

cin >> str;
```

准备储存字符串的数组

把字符串储存在数组中

字符串可以通过数组和指针两种方式来处理，但是还需要在编写代码的同时注意工作方式的差异。

字符串的编写

现在，请利用字符串是数组这一事实来编写处理字符串的代码。如下代码在存储在数组 str [] 中的字符串 "Hello" 的每个字符之间插入符号 * 并将其输出。

Sample10.cpp 在数组中处理字符串

```cpp
# include <iostream>
using namespace std;

int main()
{
    char str[]="Hello";

    cout<< "Hello\n" ;

    for(int i=0; str[i]!='\0' ; i++){
        cout << str[i] <<'*';
    }
    cout <<'\0';

    return 0;
}
```

只要没有出现 \0 就不断重复

Sample10 的执行画面

```
Hello
H*e*l*l*o*
```

在此代码中，for 语句用于逐一处理字符串数组的每个元素。由于字符串始终要以 \0 结尾，因此可以在插入 * 的同时重复输出数组元素，直到 \0 出现在数组 str[] 的元素中，如图 9-17 所示。

只要没有出现 \0 就不断重复

```
for(int i=0; str[i]!='\0'; i++){
    cout << str[i] <<'*';
}
```

处理此类字符串的代码，注意最后一个字符为 \0。习惯于通过插入其他符号来处理字符串会比较好。

重要

编写字符串时，注意最后一个字符必须为 \0。

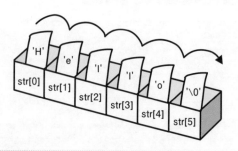

图 9-17　字符串的编写

注意字符串的最后一个字符必须为 \0。

 处理字符串的标准库函数

在 C++ 环境中，存有用于处理字符串的标准函数。这个函数群被称为标准库（standard library）。标准库中定义了各种字符串操作函数。如果在代码中使用此类函数，则可以简单地查看字符串的长度与进行复制操作。下面就将介绍标准库的主要字符串操作函数，见表 9-2。

表 9-2 处理字符串数组的标准库函数（< cstring >）

函 数	含 义
size_t strlen(const char*s);	显示字符串 s 除 NULL 字符之外的字符串长度
char*strcpy(char*s1,const char*s2);	将字符串 s2 复制到数组 s1 中
char*strcat(char*s1,const char* s2);	通过将字符串 s2 添加到字符串 s1 的末尾来返回 s1
int strcmp(const char*s1,const char*s2);	比较字符串 s1 和 s2，当字符串 s1 小于字符串 s2 时，显示负值；当字符串 s1 等于字符串 s2 时，显示 0；当字符串 s1 大于字符串 s2 时，显示正值

要利用标准库功能，需要一个包括提供每个函数功能的文件。要使用顶针字符串操作功能，请编写 #include <cstring>。

现在，请使用 strlen() 函数来输入"测量字符串的长度"的代码。

Sample11.cpp 使用标准库 strlen() 函数

```cpp
# include <iostream>
# include <cstring>          提供字符串处理功能的标准库

using namespace std;

int main()
{
    char str[ 100];

    cout<<" 请输入字符串（字母）。\n";

    cin>>str;
                              使用字符串操作函数
    cout << " 字符串的长度是 " <<strlen(str)<< "。\n";

    return 0;
}
```

Sample11 的执行画面

```
请输入字符串（字母）。
Hello ⏎
```

> 字符串的长度是 5。

通过使用标准库 strlen() 函数来查看字符串的长度时，请注意，用 strlen() 函数得到的字符串的长度不包括 '\0' 的字符数。

处理字符串的函数

在本书中，为了理解数组和字符串的机制，使用了 C 语言中相对简单的字符串函数库（<cstring>）。这些函数根据所使用的环境，也可能会显示安全信息。特别是在 Visual Studio 中，安全错误会在编译时显示。在这种情况下，可以使用为处理错误而指定的且函数名称以 "_s" 结尾的安全函数。本书在前言中介绍了如何处理 Visual Studio 中的错误。此外，本书的支持页面上还提供了使用安全函数的示例代码下载文件。请根据自己所处的环境使用它。如果要在 C++ 语言中操作字符串，则要使用标准库 <string>。此标准库中使用了即将在第 12 章中介绍的类。

将字符串复制到数组中

接下来，请尝试使用一个将字符串复制到数组中的函数。如前所述，将数组初始化时可以使用 " " 将字符串存储在数组中。但是，除了初始化外，将字符串存储在数组中可能是一项烦琐的任务。因此，使用将字符串复制到数组中的标准库函数就相对方便了。请看如下代码。

Sample12.cpp　使用标准库的 strcpy() 函数

```cpp
# include <iostream>
# include <cstring>

using namespace std;

int main()
{
    char str0[ 20];
    char str1[10];
    char str2[ 10];
```

```
    strcpy(str1, "Hello");
    strcpy(str2, "Goodbye");
    strcpy(str0 str1);
    strcpy(str0, str2);

    cout<<" 数组 str1 是 "<< str1<<"。\n";
    cout<<" 数组 str2 是 "<< str2<<"。\n";

    cout<<" 连接的话则是 "<< str0<<"。\n";

    return 0;
}
```

将 "Hello" 复制到 str1[] 中

将 "Goodbye" 复制到 str2[] 中

将 str1[] 复制到 str0[] 中

在 str0[] 的末尾追加 str2[]

Sample12 的执行画面

数组 str1 是 Hello。
数组 str2 是 Goodbye。
连接的话则是 HelloGoodbye。

在这里使用了将字符串复制到数组里的 strcpy() 函数。而且，还使用了将一个字符串添加到数组末尾的 strcat() 函数。"Hello" 被复制（存储）到 str1[] 中，"Goodbye" 被复制（存储）到 str2[] 中。

另外，该代码将 str1 复制到 str0，以便将 "Hello" 存储在 str0 中。 最后，使用了能在 str0 的末尾添加 "Goodbye" 的 strcat() 函数。具体步骤如图 9-18 所示。

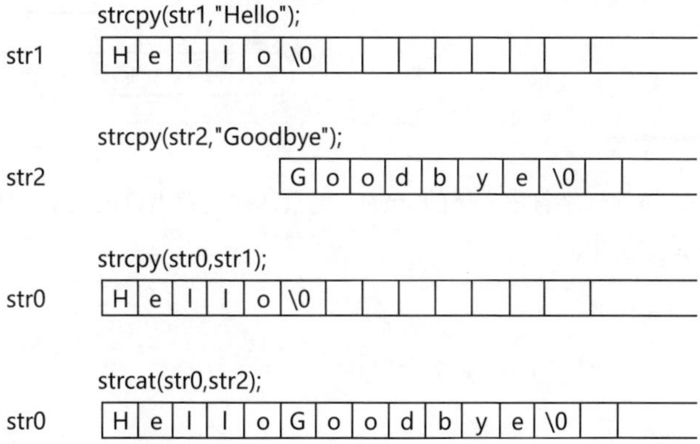

图 9-18　将字符串复制到数组中

使用这种标准库函数处理字符串很方便，可以简单地复制字符串或将其存储在数组中。

注意数组的大小

使用 strcpy() 函数或 strcat() 函数时，要注意数组的大小。如果函数的参数所指向的数组不够大，则这些函数会将字符串复制到数组的元素之外。例如，假设 Sample12 有 10 个 str0 [] 元素，代码如下所示。

```
int main()
{
    char str0[10];      ●────── 不能使用不够大的数组
    char str1[10];
    char str2[10];
    ...
```

在这种情况下，当最终使用 strcat() 函数复制 "Goodbye" 时，将存储超出数组最大元素的字符串。如本章开头所述，不能处理超出数组元素的元素。用这种方式编写的代码可以很好地编译，但是在运行程序时可能会遇到意外错误，如图 9-19 所示。

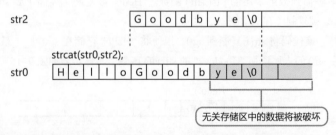

图 9-19　意外错误

特别是，添加到字符串末尾的 strcat() 函数往往会超出数组大小。注意将其添加到足够大的数组中。

9.8 章节总结

通过本章，读者学习了以下内容。

- 声明一个数组并为每个元素赋值。
- 在 {} 中指定一个初始化程序来初始化数组。
- 创建和处理多维数组。
- 数组和指针之间存在密切的关系。
- 数组名称表示数组第一个元素的地址。
- 将数组作为参数的函数时，要传递数组第一个元素的地址。
- '\0' 存储在字符串数组的末尾。
- 通过使用 "" 指定字符串，可以初始化字符串数组。
- 使用标准库的字符串操作函数。

数组可用于处理许多相同类型的数据。在 C++ 中使用字符串时，数组的功能是必不可少的。另外，本章还学习了数组和指针之间的关系。数组是 C++ 必不可少的便捷机制。

练习

1. 请定义采用包含 5 个元素的数组并能输出其最大值的 int max（int x[]）函数。使用 max() 函数，从键盘输入学生人数和考试分数，并编写输出最高分数的代码。

> 请输入考试分数。
> 50 ↵
> 20 ↵
> 35 ↵
> 68 ↵
> 75 ↵
> 最高分是 75 分。

2. 创建一个能得出字符串长度的函数 int length（char*str）。编写通过输入字符串就能得出如下字符串长度的代码。

> 请输入字符串。
> Hello ↵
> 字符串的长度为 5。

3. 创建一个能得出字符串中指定了多少个字符的函数 int count（char str []，char ch）。编写输入字符串就能得到如下字符串个数的代码。

> 请输入字符串。
> Hello ↵
> 请输入要从字符串中搜索的字符。
> 1 ↵
> Hello 中有 2 个 1 字符。

## 第 10 章

创建大型程序

在前面的章节中，已经创建了许多小型程序。但是，随着程序的增大，最终将在代码中包含许多变量、数组和函数。本章将介绍创建大型程序所需的知识。

Check Point

- 作用域
- 内存寿命
- 动态内存分配
- new 运算符
- delete 运算符
- 拆分编译
- 头（文件）
- 链接

10.1 变量和作用域

了解变量的种类

现在开始学习如何在函数中声明变量和数组。回想一下，变量和数组的声明已经在 main() 函数和自己创建的函数中被编写过。

```
int main ()
{
    int a;          在函数块内部声明的局部变量
    ...
}
```

但是，这并不一定要在函数内进行声明。变量和数组也可以在函数块外进行声明。

```
int a;          在函数块外部声明的全局变量

int main()
{
    ...
}
```

在函数内部声明的变量被称为**局部变量**（local variable）。与之对应的，在函数外部声明的变量被称为**全局变量**（global variable），如图 10-1 所示。

在函数内部能够声明局部变量；在函数外部能够声明全局变量。

```
int a = 0;               ———————————— 全局变量

int main()
{
   int b = 1;            ———————————— 局部变量
      ...
}

void func()
{
   int c = 2;            ———————————— 局部变量
      ...
}
```

图 10-1　**局部变量和全局变量**

在函数内部声明的变量被称为局部变量；在函数外部声明的变量被称为全局变量。

了解作用域如何工作

那么，局部变量和全局变量有哪些区别呢？接下来编写处理这两种变量的代码，以此来探究它们之间的差异。请看下面的代码。

Sample1.cpp　了解变量的作用域

```
# include <iostream>
using namespace std;

// func 函数的声明
void func();

int a=0;                    ● —— 全局变量 a

// main 函数
int main()
{
    int b=1;                ● —— 局部变量 b

    cout<<"main 函数中可以使用变量 a 和 b。\n";
    cout<<" 变量 a 的值是 "<<a <<"。\n";    ● —— 可以使用全局变量
    cout<<" 变量 b 的值是 "<<b <<"。\n";    ● —— 可以使用这个函数内部的局部变量
```

```
    // cout<<" 变量 c 的值是 "<<c <<"。\n";


    func();


    return 0;
}


// func 函数的定义
void func()
{
    int c=2;          局部变量 c


    cout<<"func 函数中可以使用变量 a 和 c。\n";       可以使用全局变量
    cout<<" 变量 a 的值是 "<<a <<"。\n";
    // cout<<" 变量 b 的值是 "<<b <<"。\n";            不可以使用其他函
    cout<<" 变量 c 的值是 "<<c <<"。\n";              数内部的局部变量
}
```

不可以使用其他函数内部的局部变量

可以使用这个函数内部的局部变量

Sample1 的执行画面

```
main 函数中可以使用变量 a 和 b。
变量 a 的值是 0。
变量 b 的值是 1。
func 函数中可以使用变量 a 和 c。
变量 a 的值是 0。
变量 c 的值是 2。
```

在这个编码中，声明了以下 3 个变量。

- 变量 a：在函数外部声明的全局变量。
- 变量 b：在 main() 函数内部声明的局部变量。
- 变量 c：在 func() 函数内部声明的局部变量。

变量能够在代码中何处使用取决于声明变量的位置。首先，对于局部变量，只能在声明的函数内部使用。例如，局部变量 b 在 main() 函数中被声明，则不能在 func() 函数中使用。反之局部变量 c 不能在 main() 函数中使用。

而全局变量在所有函数中都能使用。也就是说，可以在 main() 或 func() 函数使用变量 a。

图 10-2 所示显示了各个变量能够使用的部分范围。像这样，变量名称的有效范围被称为作用域（scope）。

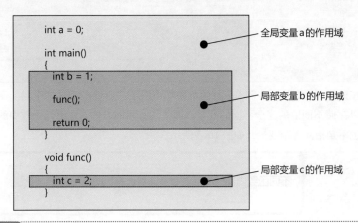

```
int a = 0;                          ● ──── 全局变量a的作用域

int main()
{
    int b = 1;

    func();                         ● ──── 局部变量b的作用域

    return 0;
}

void func()
{
    int c = 2;                      ● ──── 局部变量c的作用域
}
```

图 10-2　变量的作用域

局部变量仅在声明变量的函数内部可以使用；全局变量在所有函数中都能使用。

接下来总结一下局部变量和全局变量的作用域，见表 10-1。

表 10-1　作用域

	声明位置	作用域
局部变量	函数内部	从声明变量到函数结尾可用
全局变量	函数外部	在所有函数中都能使用

变量名称的有效范围被称为作用域。

局部变量的名称重叠

注意变量名称和声明位置。例如，同一函数内部的局部变量不能具有相同的名称。但是，在不同函数中声明的局部变量可以具有相同的名称。

```
void main()
```

```
{
    int a=0;
    a++;
}
int func()
{
    int a=0;
    a++;
}
```

这两个局部变量不是指同一个变量

在此代码中，main() 和 func() 函数中均声明了"变量 a"。这两个局部变量表示可以存储不同值的完全不同的变量。即使具有相同名称，在不同函数中的局部变量也不是指同一个变量，如图 10–3 所示。

不同函数内部的局部变量意味着具有相同名称的不同变量。

```
int main()
{
    int a = 0;
    a++;
}

void func()
{
    int a = 0;
    a++;
}
```

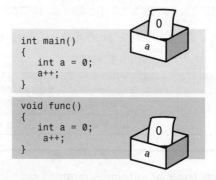

图 10–3 局部变量的名称重叠

在不同函数内部被声明的局部变量，是两个完全不同的变量。

全局变量的名称重叠

全局变量和局部变量可以使用同一个变量名。请看下面的代码。

```
int a=0;
```

全局变量 a

```
// main 函数
int main ( )
{
    int a=0;             ●────── 局部变量 a

    ...
    a++;                 ●────── 被增加的是局部变量 a


    ::a++;               ●────── 被增加的是全局变量 a

}
```

　　在这里首先声明了作为全局变量的"变量 a",然后在 main() 函数中再一次声明作为局部变量的"变量 a"。全局变量和局部变量可以通过这种方式具有重复的名称。

　　但是,如果在 main() 函数中编写类似"a ++;"的代码,则在这里就指的是局部变量 a。请注意,在 func() 函数中,因为局部变量,全局变量的名称就被隐藏了。要使用全局变量,就需要使用作用域解析运算符 (::),如" :: a ++",如图 10-4 所示。

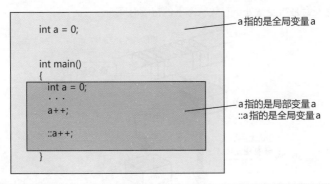

图 10-4　**全局变量和局部变量的名称重叠**

当全局变量和函数中的局部变量的名称重叠时,则函数中的全局变量的名称就会被隐藏。

重要　全局变量和局部变量可以使用同一个名称。

10.2 内存寿命

了解变量的内存寿命

从程序开始到结束，变量和数组不会一直存储它们的值。接下来请看变量的"生命周期"，如图 10-5 所示。

声明变量时，首先在内存中准备一个盒子来存储值（❶），也可以叫作分配内存。然后，将值存储并输出到变量中（❷），最终弃置盒子，内存依旧可以用于其他用途（❸），这也被称为**释放内存**。

内存寿命是指变量处于有效状态下的持续时间。

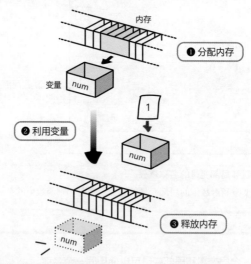

图 10-5　**变量的内存寿命**

❶ 在内存中准备存储值的盒子。

❷ 将值存储并输出到变量中。

❸ 最终弃置这部分盒子，内存还可以用于其他用途。

变量拥有多长时间的寿命，与声明变量的位置也存在关系。一般局部变量的生命周期如图 10-6 所示。

在函数内部被声明时，会在内存中准备存储值的盒子

⬇

函数结束时，盒子就会被弃置，此时内存可用于其他用途

图 10-6　局部变量的生命周期

也就是说，常规的局部变量，只有在开始声明到函数结束的这一期间，是可以存储值的，如图 10-7 所示。

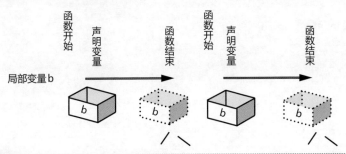

图 10-7　局部变量在开始声明到结束期间可以存储值

而全局变量的生命周期如图 10-8 所示。

在程序主体开始处理之前，仅对内存进行一次保留

⬇

程序结束时则释放内存

图 10-8　全局变量的生命周期

也就是说，全局变量在程序开始到结束之间，一直可以存储值，如图 10-9 所示。

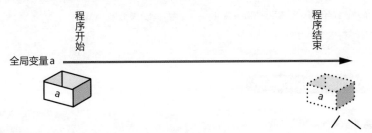

图 10-9　全局变量从程序开始到结束，都可以存储值

为了确认变量的生命周期，请看下面的代码。

Sample2.cpp　了解变量的内存寿命

```
# include <iostream>
using namespace std;

// func 函数的声明
void func();

int a=0;          ← 全局变量 a

// main 函数
int main ( )
{
    for (int i=0;i<5;i++)
        func();

    return 0;
}

// func 函数的定义
void func()
{
    int b=0;          ← 局部变量 b
    static int c=0;   ← 添加 static 的局部变量 c

    cout<<" 变量 a 是 "<<a <<" 变量 b 是 "<<b <<" 变量 c 是 "<<c
        <<"。\n";
    a++;  ┐
    b++;  ├ 提取到指定变量
    c++;  ┘
}
```

Sample2 的执行画面

变量 a 是 0 变量 b 是 0 变量 c 是 0。
变量 a 是 1 变量 b 是 0 变量 c 是 1。

变量 a 是 2 变量 b 是 0 变量 c 是 2。
变量 a 是 3 变量 b 是 0 变量 c 是 3。
变量 a 是 4 变量 b 是 0 变量 c 是 4。

局部变量 b 的值不递增

func() 函数是一个输出变量 a、b 和 c 的值并将其值逐一递增的函数。全局变量 a 会存储程序开始到结束的值，所以该值逐一递增数值 1。

另外，每次调用该函数时，局部变量 b 都会在开头存储 0，而在该函数结束时弃置这部分盒子（数值）。因此，局部变量 b 即使递增，也始终保持为 0。

添加 static

常规局部变量在函数结束时就会结束内存寿命。但是，为局部变量添加关键字 static 后，就使其具有与全局变量相同长的内存寿命了。这样的局部变量是具有静态生存周期的局部变量。

Sample2 代码中的变量 c 是具有静态生存周期的局部变量。该变量与全局变量一样，在程序开始时进行初始化，并在程序结束时被弃置。也就是说，即使 func() 函数结束，盒子（数值）也不会被弃置，并且该值会被保留，因此每次调用该函数时，数字都会逐一增加 1。static 被称为存储类标识符（storage class identifier）。

现在总结一下关于变量的内存寿命的内容，见表 10-2。其具体过程如图 10-10 所示。

表 10-2　内存寿命

	存储类别	内存寿命
局部变量	自动	从被声明开始到函数结束（自动）
	static	从程序开始执行时到程序结束时收回（静态）
全局变量		从程序开始执行时到程序结束时收回（静态）

全局变量 a

局部变量 b

静态局部变量 c

程序开始　　　　　　　　　　　　　　　　　　　　　　程序结束

声明变量　函数结束　声明变量　函数结束

图 10-10　变量的内存寿命

全局变量和静态局部变量的内存寿命从程序的开始到结束，而常规的局部变量的寿命随着函数结束也随之终止。

另外，如果不编写用于初始化变量的代码，则全局变量和静态局部变量将自动为默认值 0。局部变量未初始化时的初始值，没有被明确规定为某个值。

局部变量的变化

局部变量不仅可以在函数的开头声明，还可以在诸如 for 语句和 if 语句之类的程序块的开头声明。函数的形式参数也是局部变量的一种。

局部变量是仅在声明它们的程序块内有效的变量。当变量名称在程序块内部和外部重叠时，则先以内部变量的名称优先，示例代码如下。

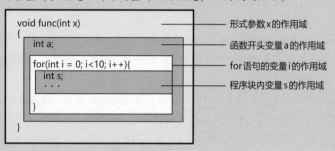

指向局部变量的指针和返回值

在第 7 章学习过的函数中可以使用指针和参数。但是，这有一些需要注意的地方。请看下面的代码。

```
// func 函数的定义
int* func()
{
    int a=10;                      指针 pA 一般指的是局部变量 a
    int*pA =&a;
    return pA;
}

int main()
{
    int * pRes=func();             pRes 中存储了无意义的
    ...                            地址，所以不可这样使用
}
```

在这里，func() 函数的返回值是一个指向在 func 中声明的局部变量 a 的指针（pA）。但是，当 func() 函数结束时，常规局部变量 a 将会被弃置。因此，变量 a 的地址在返回到调用源时就会变为无意义的值。换句话说，pRes 会变成无意义的指针。

如果这样使用 pRes 代码编写，可能会导致意外错误。此时有必要注意返回值。此外，可以使用以下返回值。

```
// func 函数的定义
int*func()
{

    static int a=10;        该指针指的是静态局部变量 a
    int*pA=&a;

    return pA;
}

int main()
{
    int* pRes =func();
    ...                 可以这样使用
}
```

此代码中也返回了指向函数中声明的局部变量的指针。但是，此变量 a 是添加了 static 的静态变量。由于此变量在函数结束后仍存在，因此指向该变量的指针也可以被调用源使用。

出于相同的原因，对常规局部变量的引用也不可返回。引用只是变量的别名。如果变量被破坏，则引用也将没有意义。

不能返回指向常规局部变量的指针和对局部变量进行的引用。

10.3 动态内存分配

动态内存分配的概念

正如在 10.2 节中介绍的那样，全局变量是在程序执行开始时分配的内存，而常规的局部变量会在调用和声明函数时分配内存，如图 10-11 所示。

实际上，除了这两种方法外，还有一种在创建程序的人指定的时间分配内存的方法。这样的方法被称为**动态内存分配**（dynamic allocation）。

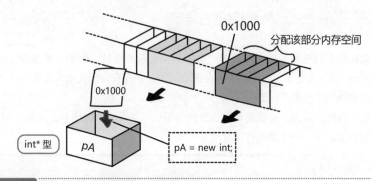

图 10-11 使用 new 运算符分配内存空间

　　使用 new 运算符，能够在指定的时间分配内存空间。

使用这种方法，可能与上述使用变量的内存不同，该方法可以自行决定何时分配内存空间。要想动态分配内存空间，需要使用 new 运算符。

语法　**使用new运算符分配内存空间**

　　指针 =new 类型名称 ;

再来看一下下面能动态分配内存空间的代码。

```
int*pA;          准备指针
pA =new int;     使用 new 运算符分配内存空间，再代入地址
```

要动态分配内存，首先需要预先定义目标类型的指针（这里是 pA）。

new 运算符分配内存成功后会返回到首地址。因此，返回的地址赋值给指针 pA。

动态分配内存时，与使用变量的情况有所不同，有必要使用该地址直接处理内存。也就是说，想在分配到的内存中存储一些值时，需要使用该指针并按如下代码进行代入。

```
*pA =50;
```

像这样通过指针代入值的方法，已经在第 8 章中学过了。

 ## 动态释放内存

动态分配内存时，有需要十分注意的地方。当不需要内存时，必须描述释放此内存的过程。与局部变量和全局变量不同，此处必须决定何时释放内存，如图 10–12 所示。

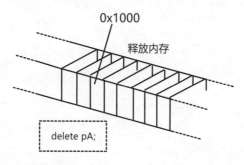

0x1000

释放内存

delete pA;

图 10–12　使用 delete 运算符释放内存
　　　　　　使用 delete 运算符，在指定的时间点释放内存。

要想动态释放内存，就要进行以下操作。

 语法　**使用delete运算符释放内存**

```
delete  指针名 ;          释放内存
```

也就是说，内存使用结束后，在代码中必须编写以下代码。

```
delete pA;
```

另外，在已释放的内存上不能使用 delete 运算符。如果不这样做，每次运行该程序时都会进行分配内存，而可用内存也就会变少。

通过动态分配和释放内存，可以在指定的时间点使用内存，如图 10-13 所示。请将其与使用变量的情况进行比较。

图 10-13 动态分配的内存寿命

接下来看一下代码中用于动态分配内存的一系列步骤。

Sample3.cpp 动态分配内存

```cpp
# include <iostream>
using namespace std;

int main()
{
    int* pA;

    pA =new int;              ●━━━ 释放内存

    cout<<" 动态分配了内存空间。\n";

    *pA =10;

    cout <<" 使用动态分配的内存空间 "<< *pA <<
        " 并输出。\n";

    delete pA;                ●━━━ 分配内存

    cout<<" 释放分配的内存空间。\n";
```

```
    return 0;
}
```

Sample3 的执行画面

动态分配了内存空间。
使用动态分配的内存空间 10 并输出。
释放分配的内存空间。

在这里，尝试了使用动态分配的内存来存储和输出值。但是使用这种小型代码的展示方式可能难以让人理解动态内存分配的便利性。

请试着考虑一下具有许多函数的大型代码。如果想要存储某个值，无论是在该函数开始还是结束的地方，都不能使用局部变量。局部变量的生命周期仅限于在该函数内。

另外，全局变量还可以在程序执行期间保留其值。但同时全局变量也浪费了有限的内存空间。

与以上这两种方法相比，动态内存分配方法则可以在需要时充分利用有限的内存。

动态内存由 new 运算符在代码的必要部分分配，并由 delete 运算符在用完时释放。

 数组的动态分配

使用数组时，动态分配内存尤为重要。这是因为在执行程序时可以指定和处理数组的长度。

如第 9 章所述，如果不知道数组中要使用多少个元素，则应准备足够大规模的数组以存储大量元素。但是，如果动态分配数组，则无须准备大规模数组，可以在执行程序时再确定数组的规模。

首先，一起学习动态分配数组的语法结构。

 动态分配数组

指针名称 = new 类型名称（元素数量）

同样在这种情况下，有必要在使用完数组后释放内存。此时，需要添加 [] 来释放内存。

 动态释放数组内存

> delete[]　指针名称

接下来实际操作以下数组内存的动态分配。

Sample4.cpp　动态分配数组内存

```cpp
# include <iostream>
using namespace std;

int main()
{
    int num;
    int*pT;

    cout<<" 要输入几个人的成绩分数？ \n";

    cin >>num;                    ← 输入数值

                                  ← 仅分配该部分的数组要素
    pT = new int[num];

    cout<<" 请输入这几个人的分数。\n";

    for(int i=0;i<num;i++){
        cin >>pT[i];
    }                             ← 使用指针存储分数

    for(int j=0;j<num;j++){
        cout <<" 第 " << j+1 << " 个人的分数是 " <<pT[j] <<"。\n";
    }

    delete[ ] pT;

    return 0;
}
```

Sample4 的执行画面

要输入几个人的成绩分数?

5 ⏎

请输入这几个人的分数。

80 ⏎

60 ⏎

55 ⏎

22 ⏎

75 ⏎

第 1 个人的分数是 80。

第 2 个人的分数是 60。

第 3 个人的分数是 55。

第 4 个人的分数是 22。

第 5 个人的分数是 75。

在该代码中无法确定存储考试分数的数组中的元素数量。元素数量是由用户自己输入元素数(人数)之后确定的。这样,如果动态分配了用于输入人数的数组内存,则无须准备大规模数组,也不必使用额外的内存,如图 10-14 所示。

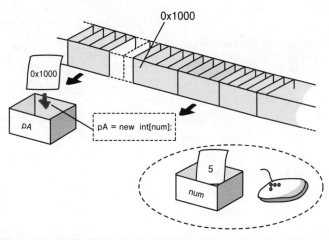

图 10-14　动态分配数组内存

根据用户输入的数值(元素数量)来动态分配数组内存。

Lesson
10

在执行程序决定数组规模时，动态分配数组内存。

预留存储区域

本章已经介绍了分配内存的各种方法。接下来再介绍一个相关知识——预留存储区域。

用于存放局部变量的值和函数的参数值，且由编译器自动分配的内存区域被称为栈区。分配有诸如全局变量之类的静态变量的区域被称为静态存储区，动态分配的存储区域被称为动态存储区（堆）。

在 C++ 中，可以通过指定空指针（nullptr）表示指针不指示任何内存区域。

10.4 拆分文件

本节将学习创建大型程序相关的知识。编写大型程序时，将使用到许多函数。如果函数一旦创建便可以在各种程序中被重复使用，那将十分便利。如果可以使用目前为止已创建的函数，大型程序也会变得更加容易被开发。

此时，通常在其他文件中多次使用的函数，不与 main() 函数在相同的文件中进行编写。通过拆分文件，函数可以在各个程序中轻松被使用。以下代码是一个拆分文件的程序。

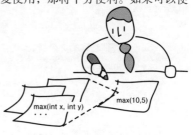

myfunc.h

```
// max 的声明函数
int max（int x, int y）;
```
编写函数原型的声明　　头文件

myfunc.cpp

```
// max 函数的定义
int max（int x, int y）
{
    if (x > y)
        return x;
    else
        return y;
}
```
在其他文件中编写函数的定义

Sample5.cpp　拆分文件

```
# include <iostream>
# include "myfunc.h"        ← 读取头文件
using namespace std;

int main()
{
    int num1,num2,ans;

    cout <<" 请输入第 1 个整数。\n";
    cin >> num1;

    cout <<" 请输入第 2 个整数。\n";
    cin >> num2;

    ans = max(num1,num2);     ← 调取其他文件中的函数

    cout <<" 最大值是 " <<ans <<"。\n";

    return 0;
}
```

Sample5 的执行画面

```
请输入第 1 个整数。
10 ⏎
请输入第 2 个整数。
5 ⏎
最大值是 10。
```

在这个代码中，文件被拆分成了以下三个部分。

- myfunc.h：函数原型的声明。

- myfunc.cpp：已创建 max() 函数的定义。

- Sample5.cpp：main() 函数的定义（程序主体）。

在这种情况下，要先分别编译 Sample5.cpp 和 myfunc.cpp 以创建目标文件。通过将这些目标文件相互链接，就可以创建一个程序。

在文件 myfunc.h 中，仅编写了代表函数规范的函数原型声明。以这种方式汇总函数原型声明的文件被称为**头文件**（header file）。拆分文件的步骤如图 10-15 所示。

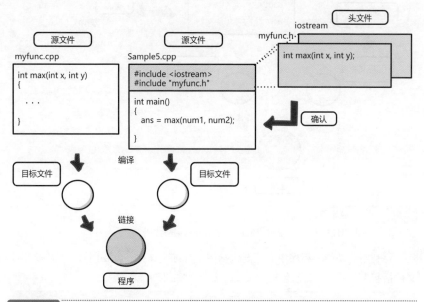

图 10-15　拆分文件

如果拆分文件并进行编译，则可以有效地创建大型程序。

在 Sample5_cpp 的开头，指定读取了头文件 myfunc.h。这样即使拆分了文件，函数原型声明也允许在编译时检查函数调用是否正确。

编译和链接多个文件的步骤因所使用的 C++ 开发环境而异，因此请参考相应的手册。如果按照本书开头的步骤进行操作，则会以编译→链接→执行这样的步骤进行。

了解标准库如何工作

C++ 开发环境附带了可以在任何程序中使用且已经被定义过的标准函数。这些一般被称为标准库（standard library），其具体使用步骤如图 10-16 所示。目前为止，已使用的输入 / 输出功能和字符串控制也是标准库的功能。

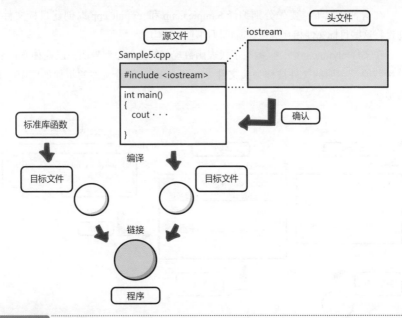

图 10-16 标准库函数

可以使用 C++ 环境附带的标准库函数来编写代码。

要利用此功能，程序中必须要包括一个标准头文件，且要用 < > 来将标准头文件括起来。另外，自己创建的头文件要用 " " 括起来。

```
# include <iostream>
# include "myfunc.h"
```

通常，< > 中包含的文件是从开发环境指定的标准库的目录（文件夹）中被读取的。包含在 " " 中的头文件，也能够从包含自己创建的源文件的目录中被读取。

可以使用标准库函数来编写代码。

作用域

回想一下之前学到的关于变量的作用域（通用范围）的知识。

如果拆分文件，则还必须考虑变量和函数适用于哪个文件的问题。

全局变量和函数名称在所有文件中均有效。但是，如果添加 static，则只在文件内部才有效。

变量名适用于所有文件被称为"**具有外部链接**"。变量名仅限于文件内的情况则被称为"**具有内部链接**"。也就是说，原则上全局变量和函数具有外部链接，但是如果添加了 static，则它们将具有内部链接。拆分文件时的范围见表10-3。

表 10-3　拆分文件时的范围

类　型	存储类说明符	作用域
局部变量	（无指定）static	程序块内部
全局变量	（无指定）	所有文件（外部链接）
函数	static	文件内部

另外，使用其他文件（无指定）中的全局变量时，需要读取并编译带有 extern 关键字的头文件。

myfunc.cpp
```
int a;
void func()
{
}
```

Sample.cpp
```
#include "myfunc.h"
int main()
{
    a++;
}
```

myfunc.h
```
extern int a;
```

除了这些作用域之外，还可以在 C++ 中使用被称为命名空间（namespace）的范围。例如，可以定义一个如下所示的名为 Sample 的命名空间。

```
namespace Sample{        在 Sample 命名空间中
    int a;               包含变量 a
    void func();         包含 func 函数
}
```

命名空间可以将变量和函数名称的作用域限制在命名空间中。换句话说，即使以这种方式在 Sample 命名空间内使用变量 a 和 func() 函数，仍可以在命名空间外使用 a 和 func() 作为变量和函数。

如果想要在命名空间之外的代码中，使用 Sample 命名空间中的变量 a 和 func() 函数，则需要添加一个"命名空间名称 ::"。

```
Sample::a=10;        使用指定的命名空间名称
Sample::func();
```

　　但是，如果经常使用这种用法，可能导致添加"命名空间名称::"很麻烦。在这种情况下，可以使用 using 语句。由 using 语句指定后，无须指定命名空间名称即可使用该名称。

```
using Sample::a;          提取到指定变量中
...
a =10;                    没有必要指定命名空间名称
Sample::func();
```

　　另外，也可以使用命名空间中的所有变量和函数而无须指定命名空间名称。在这种情况下，请使用以下 using 语句。本书为了能够简单地使用包含在 std 名称空间中的 cout 和 cin，也使用了 using 语句。

```
using namespace Sample;   用 using namespace 指定
...
a =10;                    不必为所有内容指定命名空间名称
func();
```

10.5　章节总结

通过本章，读者学习了以下内容。

- 变量等可以根据声明位置进行全局和局部的分类。
- 全局变量在所有函数中均可用，并且具有静态寿命。
- 从定义的地方开始到函数结束，都可以使用局部变量。
- 如果在局部变量之前添加了 static，则局部变量将具有静态寿命。
- 可以使用 new 运算符分配内存，并使用 delete 运算符释放内存。
- 创建大型程序时，需要拆分文件。

在本章中，学习了编写大型程序时需要注意的事项。编写复杂的代码时，可能需要使用在本章中学到的各种知识。牢记本章中所提及的注意点，尝试着编写较为复杂的程序。

练习

1. 请选择○或 × 来判断以下题目。

①在全局变量和局部变量中，可以使用相同的标识符。

②在不同的函数中声明的两个局部变量，可以使用相同的标识符。

③未指定的局部变量具有静态寿命。

④局部变量可以由声明了它的函数之外的函数中使用。

⑤可以在任何函数中使用未指定的全局变量。

2. 请修正下面代码中的错误。

```cpp
# include <iostream>
using namespace std;

int main()
{
    int* pA;
    pA = new int;
    *pA = 10;

    return 0;
}
```

## 第 11 章

各种类型

　　在第 3 章中，读者了解了 C ++ 内置的基本"类型"。但是 C ++ 中还有许多其他类型。本章中就将介绍用户自定义的特殊类型。通过掌握关于各种类型的知识，能够创建适合变体的 C++ 程序。

Check Point

- typedef
- 枚举
- 结构体
- 成员
- 点运算符（ . ）
- 箭头运算符（ –> ）
- 共用体

11.1 typedef

 了解 typedef 如何工作

typedef 是用于为目前为止已经学习过的 int 型和 double 型重新命名的关键字。以下是关于 typedef 的用法。

 语法 typedef

> typedef　类型别名　标识符 ;　◀──［可以在现有类型后添加独特的标识符编写程序］

请看下面的代码。

> typedef unsigned long int Count;　◀──［在长的类型名后添加短的别名］

这个代码是在 unsigned long int 型后面添加 Count 这个的别名。这样使用 typedef，就可以像下面那样使用 count 型的变量 num，如图 11-1 所示。

> Count num =1;　◀──［能够使用 Count 型的变量］

实际上，该语句与以下代码具有基本相同的含义。

> unsigned long int num=1;

也就是说，typedef 可以为现有类型创建别名。

因为使用 typedef，可以在长的类型名后添加别名，所以使源代码更易阅读和理解。

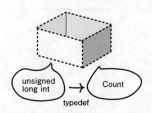

图 11-1 typedef

使用 typedef 添加独特的类型名称。

可以使 typedef 来添加独特的类型名称。

11.2 枚 举

目前为止，已经学过的 int 型和 double 型等类型，是已经内置在 C++ 中的类型（基本类型）。其实，除此之外用户还可以创建新的类型。这种类型被称为用户自定义类型（user defined type）。

本节先学习枚举类型（enumerated data type）。

了解枚举如何工作

如果要创建新类型，首先需要确定该类型代表什么值。在枚举类型的情况下，要表示的值由枚举类型的声明决定。要声明枚举类型，就要使用关键字 enum。其声明结构如下所示。

> **语法** **枚举类型的声明**
>
> enum 枚举类型名称（标识符 1，标识符 2，标识符 3，…）；
>
> └─ 添加 enum 进行声明

枚举类型是可以将标识名存储为值的类型。如以下代码所示。

```
enum Week{SUN, MON, TUE, WED, THU, FRI, SAT}
```
└─ week 型储存这些值

该枚举类型 Week 是可以存储标识符 SUN、MON 等值的类型。

声明枚举变量

接下来试着使用枚举类型。声明枚举类型，可以将其理解为代码中的新类型。例如，能够在代码中声明"Week 型"变量，且可以用与常规变量相同的方式声明 Week 类型变量。其结构如下。

声明枚举变量

枚举类型名　　枚举变量名；← 声明枚举变量

如下声明的变量 w，是存储 Week 型的值的变量。

Week w; ← Week 型的变量 w

那么下面就尝试着声明并使用一下枚举类型。请看以下代码。

Sample1.cpp　使用枚举变量

```
# include < iostream>
using namespace std;
// 声明 Week 枚举类型        ← 声明枚举类型
enum Week{SUN,MON,TUE,WED,THU.FRI,SAT};

int main()
{
    Week w; ← 声明 Week 型变量 w
    w = SUN; ← 代入值 SUN

    switch(w){ ← 输出因值而不同
        case SUN: cout<<"周日。\n"; break;
        case MON: cout<<"周一。\n"; break;
        case TUE : cout<<"周二。\n"; break;
        case WED: cout<<"周三。\n"; break;
        case THU : cout<<"周四。\n"; break;
        case FRI : cout<<"周五。\n"; break;
        case SAT :cout<<"周六。\n"; break;
        default : cout <<"不知道是周几。\n"; break;
    }

    return 0;
}
```

Sample1 的执行画面

周日。

此代码声明了枚举类型的 Week 型变量 w。在 Week 型的变量 w 中，能够存

303

储 SUN、MON……这样的值，如图 11-2 所示。在此代码中，根据 w 的值不同会输出不同的值。

因为枚举类型的值是标识符，所以可以编写易于阅读的代码。在这里就很容易看懂是使用了星期日到星期六的值的代码。

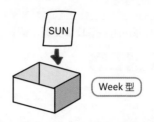

| 图 11-2 | 枚举类型 |

枚举变量中能够存储标识符。

使用枚举类型可以编写易读的代码。

11.3 结构体

了解结构体如何工作

本节将介绍属于用户自定义类型的结构体类型（structure data type）。

像枚举类型一样，结构体类型是可以创建的用户自定义类型之一。结构体类型还用于对不同类型的值进行合并。例如，可以将诸如车牌号（int 型）和汽油量（double 型）之类的不同类型的值组合起来，以表示代表汽车的类型。

现在实际说明如何决定结构体类型。决定结构体类型可以称为**结构体类型声明**。声明结构体类型，可以使用关键字 struct。其结构如下所示。

语法　结构体类型的声明

```
struct 结构体类型名称 {        添加 struct 进行声明
    类型名称 标识符；
    类型名称 标识符；
    …
};
```

在程序块中对变量等进行总结的产物可以称为结构体类型。例如，用于管理车牌号和汽油量的结构体类型 car 的声明，其代码如下所示。

```
struct Car {                  代表 "车" 的结构体类型 struct Car
    int num;                  存储车牌号
    double gas;               存储汽油量
};
```

在这里，声明 int 型的变量 num 和 double 型的变量 gas。num 和 gas 分别代表的是车牌号和汽油量。

可以声明结构体类型，以合并不同的类型，如图 11-3 所示。

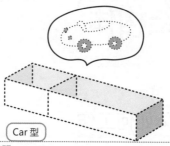

Car 型

图 11-3　结构体类型的声明

不同类型的值可以合并成一个结构体类型。

结构体变量声明

　　结构体类型也可以在代码中被当作新类型使用。例如，可以在代码中声明 "Car 型变量"。Car 型变量也可以和常规变量一样被声明，如图 11-4 所示。其声明结构如下所示。

语法　结构体变量的声明

　　结构体类型名称　结构体变量名称；　　声明结构体变量

　　下述代码声明的变量 car1 变成了存储结构体 Car 型的值的变量。

Car car1;　　存储 Car 型的值的变量 car1

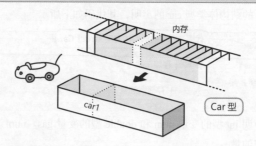

内存

car1　　Car 型

图 11-4　结构体变量的声明

能够声明结构体类型的变量。

访问成员

如果声明结构体类型变量（结构体），则可以在 num 和 gas 中存储实际的车牌号和汽油量的值。同时也可以将变量 num 和 gas 称为成员（member）。要使用结构体的成员，就要使用点运算符（.）。使用成员也可被称为访问成员。其结构如下所示。

语法　访问结构体成员

> 结构体变量名　　成员

例如，在结构体类型变量 car1 的情况下，可以通过如下代入方法将值存储在成员中。

```
car1.num=1234;
car1.gas=25.5;
```

将 1234 代入表示车牌号的成员变量 num 中

将 25.5 代入表示汽油量的成员变量 gas 中

接下来尝试实际编写如下代码。

Sample2.cpp　访问结构体成员

```cpp
# include < iostream>
using namespace std;

// 声明结构体类型 Car
struct Car  {
    int num;
    double gas;
};

int main
{
    Car car1;

    cout <<" 请输入车牌号。\n";
    cin >> car1.num;

    cout <<" 请输入汽油量。\n";
    cin >> car1.gas;
```

声明结构体类型

声明结构体类型的变量

代入值到成员中

```
cout <<" 车牌号是 "<<car1.num<<" 汽油量是 "<<car1.gas <<"。\n";

return 0;
}
```

输出成员的值

Sample2 的执行画面

请输入车牌号。
1234 ⏎
请输入汽油量。
25.5 ⏎
车牌号是 1234，汽油量是 25.5。

　　此代码声明了结构体类型 Car 和 Car 型变量 car1。此外，还在变量 car1 中使用点运算符（.）来访问每个成员，并将值存储在每个成员，最后将其输出到画面中。这样，就可以在结构体变量中使用点运算符来访问结构体成员并存储其值，如图 11-5 所示。

重要

使用点运算符能够访问结构体中的各个成员。

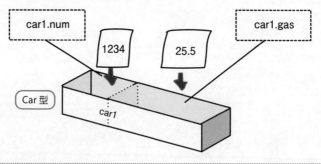

car1.num

car1.gas

1234

25.5

Car 型

car1

图 11-5　访问结构体成员

可以通过访问 Car 型变量 car1 的每个成员来存储值。

结构体初始化

接下来学习用另一种简便的方式来编写结构体。之前曾介绍过的在声明结构体后如何使用点运算符（.）将值代入到成员中的方法如下所示。

```
Car car1;                    声明结构体


car1.num=1234;               访问成员
car1.num=25.5;
```

上述两个任务也可以同时被完成。像这样的过程被称为**结构体初始化**。其结构如下所示。

```
                     存储在 num 中
Car car1={1234, 25.5};
                     存储在 gas 中
```

如果在声明变量时使用 { } 并向 { } 中代入值，则该值将以逗号分隔的顺序存储在成员中。需要牢记的是，这种操作也是为结构体提供初始值时的一种简便的编写方法。

 语法　　结构体初始化

结构类型名称　结构变量名称 ={ 值 1，值 2，…};

赋值到结构体

目前为止，本书已经介绍了使用赋值运算符在每个成员中存储值的代码。那么，如果对结构体变量本身使用赋值运算符会发生什么呢？ 请看下面的代码。

Sample3.cpp　赋值到结构体

```cpp
# include < iostream>
using namespace std;

// 声明结构体类型 Car
struct Car  {
    int num;
    double gas;
};
```

```
int main()
{
    Car car1={1234,25.5};
    Car car1={4567,52.2};

    cout <<"car1 的车牌号是 " << car1.num <<" 汽油量是 "<<
        car1.gas <<"。\n";
    cout <<"car2 的车牌号是 " << car2.num <<" 汽油量是 "<<
        car2.gas <<"。\n";

    car2=car1;        在结构体之间进行赋值

    cout << " 将 car1 的值赋值到 car2。\n";
    cout <<"car2 的车牌号是 " <<car2.num <<" 汽油量是 "<<
        car2.gas << "。\n";

    return 0;
}
```

Sample3 的执行画面

car1 的车牌号是 1234，汽油量是 25.5。
car2 的车牌号是 4567，汽油量是 52.2。　　变成了被赋值后
将 car1 的值赋值到 car2。　　　　　　　　的结构体成员值
car2 的车牌号是 1234，汽油量是 25.5。

　　在此处，声明了 car1 和 car2 这两个结构体。接下来进行赋值。

car2=car1;　　在结构体之间进行赋值

　　这样赋值的方法是指把 car1 中的成员逐个赋值并存储到 car2 成员中。也就是说，car1 的成员 num 和 gas 的值都被复制到 car2 成员中。最后结果为 car2 的车牌号和汽油量的值与 car1 一致。

　　以上内容为需要掌握的结构体之间的赋值方法。其示意图如图 11-6 所示。

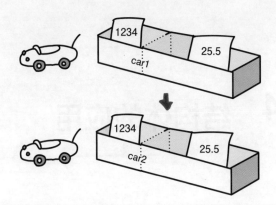

Lesson
11

赋值到结构体

往结构体中赋值，原来成员中的值会逐个被复制并被存储。

重要

往结构体中赋值，值会被存储在各个成员中。

11.4 结构体的应用

使用结构体作为参数

结构体可用于多种代码中。在本节中将编写应用该结构体的代码。首先，看看如何在函数中使用结构体。结构体可以用作函数参数进行传递。请看以下代码。

Sample4.cpp　结构体作为函数参数进行传递

```
# include <iostream>
using namespace std;

// 声明结构体类型 Car
struct Car  {
    int num;
    double gas;
};

//show 函数的声明
void show（Car c）;
```

以结构体为参数的函数

```
int main()
{
    Car car1={0,0.0};

    cout <<" 请输入车牌号。\n";
    cin >> car1.num;

    cout<<" 请输入汽油量。\n";
```

```
    cin >> car1.gas;

    show(car1);          传递结构体car1(的值)

    return 0;
}

// show 函数的定义
void show（Car c）          将被传递的值
{
    cout <<" 车牌号是 "<<c.num<<", 汽油量是 "<<c.gas<<
        "。\n";                输出
}
```

Sample4 的执行画面

```
请输入车牌号。
1234 ↵
请输入汽油量。
25.5 ↵
车牌号是 1234，汽油量是 25.5。
```

正如第 8 章所述，通常参数是通过值传递到函数中的。当将结构体用作参数时，也会把"值"进行传递。这意味着实际参数结构体的每个成员值将被复制并传递给函数的主体。也就是说，结构体成员 num 和 gas 的值将被复制并传递给函数，如图 11-7 所示。

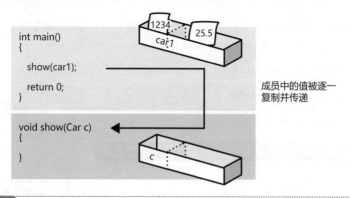

图 11-7 参数和结构体

如果使用结构体作为函数参数，则每个成员的值将会被复制并传递。

指向结构体的指针作为参数使用

如果使用结构体作为参数，则将复制每个成员的值并将其传递到函数中。但是，使用具有多个成员的结构体作为参数时要多加注意。每次调用函数时，都会复制许多成员，这可能需要很长时间才能调用该函数。

因此，在将大型结构体作为函数的参数时，就可能需要使用指向结构体的指针作为参数。也就是说将要使用到结构体类型变量的地址。

如果将指向结构体的指针设置为函数参数，则仅通过传递地址即可调用该函数。这样就可以加快大型结构体的处理速度。在这种情况下，参数是通过引用（调用）进行有效传递的，因此可以在函数中更改传递的结构体成员的值，如图 11-8 所示。

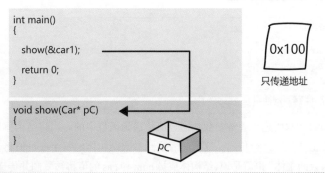

图 11-8 指向结构体的指针
如果使用结构体指针（指向结构体的指针）作为函数参数，则将传递地址。

但是，在这种函数中，必须使用结构体指针来记述访问每个成员的过程。从指针访问成员时，使用箭头运算符（ -> ）更方便。

结构体指针访问成员

> 结构体指针 -> 结构体成员

尝试着输入下面的代码。该代码使用了结构体指针作为参数传递函数。

Sample5.cpp　使用结构体指针作为函数参数

```
# include < iostream>
using namespace std;
```

```
// 声明结构类型 Car
struct Car  {
    int num;
    double gas;
};

//show 函数的声明
void show（Car* pC）;          以结构体指针作为参数的函数

int main（）
{
    Car car1={0,0.0};

    cout <<" 请输入车牌号。\n";
    cin >> car1.num;

    cout<<" 请输入汽油量。\n";
    cin >> car1.gas;

    show(&car1);          传递结构体 car1 的地址

    return 0;
}

//show 函数的定义
void show（Car *pC）          从指针访问
{                             结构体成员
    cout <<" 车牌号是 "<<pC->num<<", 汽油量是 "<<pC->gas <<"。\n";
}
```

请看 show() 函数的处理。

```
cout << " 车牌号是 "<<pC->num<<", 汽油量是 "<<pC->gas <<"。\n";
```

由于在此函数中是用指针进行传递的，所以要使用箭头运算符（–>）代替点运算符（.）来访问成员。执行结果与 Sample4 一致。

如上述代码那样小的结构体中，即使不用指针作为参数，调用速度也几乎相同。但是，如果在具有许多成员的大型结构中，则这种差异可能无法忽略，因此请记住这一点。

重要

如果从结构指针访问成员，则使用箭头运算符（->）比较方便。

对结构体的引用作为参数使用

在第 8 章中，学习了如何代替指针将引用作为参数的知识。本节则将结构体变量的引用作为参数，执行结果与 Sample4 得到的结果一致。接下来看一下使用引用作为参数时的代码。

Sample6.cpp 使用引用作为函数参数

```cpp
# include < iostream>
using namespace std;

// 声明结构体类型 Car
struct Car{
    int num;
    double gas;
};

// show 函数的声明
void show（Car& c）;          以对结构体的引用作为参数的函数

int main（）
{
    Car car1={0,0.0};

    cout <<" 请输入车牌号。\n";
    cin >> car1.num;

    cout<<" 请输入汽油量。\n";
    cin >> car1.gas;

    show(car1);              传递结构体 car1
```

```
    return 0;
}

//show 函数的定义
void show（Car &c）
{
    cout <<" 车牌号是 "<<c.num<<"，汽油量是 "<<c.gas << "。\n";
}
```

引用在传递的结构体中被初始化

从引用开始访问成员

　　该代码的执行结果和 Sample4 一致。但是，此编码在函数内访问成员时，不是使用箭头运算符（ –> ）而是使用点运算符（ . ）。只有在从结构体指针开始访问成员时，才使用箭头运算符。

结构体的高级功能

　　C++ 结构体还有一些其他高级功能。但是，C++ 还提供了一个更方便的功能即在第 12 章中将介绍的 "类"。结构体的高级功能一般是使用 "类" 进行编写。因此在这里省略该结构体的高级功能。

11.5 共用体

了解共用体如何工作

最后来学习共用体这一数据类型。共用体类型是与结构体类型类似的自定义类型。共用体类型的声明结构如下所示。

> **语法** 声明共用体类型
>
> ```
> union  共用体类型名称 {
>     类型名称 标识符 ;
>     类型名称 标识符 ;
>     ...
> };
> ```
>
> 添加 union 进行声明

共用体类型使用关键字 union 而不是结构体类型的关键字 struct。

共用体类型的值也可以通过准备共用体类型的变量来存储。但是，共用体类型的各个成员不能同时带有值，全体成员中只能有一个成员带有值。请看下面的代码。

Sample7.cpp 使用共用体类型

```cpp
# include < iostream>
using namespace std;

// 声明共用体类型 Year
union Year{
    int ad;
    int gengo;
}
```

声明共用体类型

Lesson
11

```
int main()
{
    Year myyear;          声明共用体类型变量

    cout<<" 请输入公历。\n";
    cin >>myyear.ad;      把值存储在 myyear 的成员 ad 中

    cout <<" 公历是 "<<myyear.ad <<"。\n";
    cout <<" 年号也是 "<<myyear.gengo<<"。\n";
                          成员 gengo 变成同样的值

    cout <<" 请输入年号。\n";
    cin >>myyear.gengo;

    cout<<" 年号是 "<<myyear.gengo <<"。\n";
    cout<<" 公历是 "<<myyear.ad <<"。\n";

    return 0;
}
```

Sample7 的执行画面

```
请输入公历。
2000 ⏎
公历是 2000。
年号也是 2000。        因为 gengo 和 ad 共享一
请输入年号。          个内存，所以拥有相同的值
12 ⏎
年号是 12。
公历是 12。
```

　　在这个代码中，共用体类型 union Year 被声明为新的类型。另外，还声明了一个共用体类型变量以访问其成员。

　　请注意代码的执行结果。可以发现共用体的成员 ad 和 gengo 不能同时带有值。如果改变其中一个成员的值，其他成员的值也同样会被改变。共用体的成员全部共享相同的内存位置并存储值。因此，向成员 ad 中代入值，成员 gengo 的值会和 ad 一致。另外，向成员 gengo 中代入值，成员 ad 的值也会和 gengo 一致，如图 11-9 所示。

　　因此，共用体是用于节省有限内存的一种数据类型。

共用体的全体成员中，只能有一个成员带有值。

重要

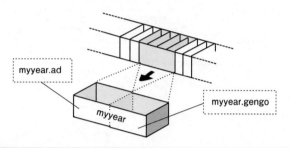

图 11-9　共用体

共用体的全体成员中，只能有一个成员带有值。

各种数据类型的总结

　　至今为止出现过包含自定义类型的各种类型，具体类型总结如图 11-10 所示。关于基本类型请参考第 3 章中的表 3-1。关于"类"，将在第 12 章中学习。

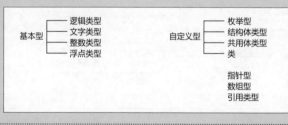

图 11-10　数据类型

11.6 章节总结

通过本章，读者学习了以下内容。

- 可以用 typedef 添加独特的类型名称。
- 除了基本型以外，也可以创建自定义型。
- 枚举类型可以存储标识符。
- 结构体类型是合并不同类型值的类型。
- 访问结构体成员，需要使用点运算符（.）。
- 从结构体指针开始访问成员，使用箭头运算符（–>）会比较方便。
- 共同体的每个成员共享同一个内存位置。

本章介绍了如何声明并利用各种各样的类型，特别是结构体类型拥有合并并存储不同类型值的功能。请记住这些类型的定义方法。

练习

1. 请编写声明结构体类型 Person，含有年龄（int 型 age）、体重（double 型 weight）和身高（double 型 height）。请输入两个人的实际年龄、体重和身高，并编写代码以输出如下结果。

> 请输入年龄。
> 28 ↵
> 请输入体重。
> 52.2 ↵
> 请输入身高。
> 165.3 ↵
> 请输入年龄。
> 32 ↵
> 请输入体重。
> 62.5 ↵
> 请输入身高。
> 168.8 ↵
> 年龄 28 体重 52.2 身高 165.3。
> 年龄 32 体重 62.5 身高 168.8。

2. 创建将指向第 1 题中的结构体的指针作为参数，并在每人原来年龄的基础上加一岁的函数 void ageing（Person*p）。请编写输入一个人的信息并输出这个人一年后年龄的代码，输出结果如下所示。

> 请输入年龄。
> 28 ↵
> 请输入体重。
> 52.2 ↵
> 请输入身高。
> 165.3 ↵
> 年龄 28 体重 52.2 身高 165.3。
> 一年后。
> 年龄 29 体重 52.2 身高 165.3。

第 12 章

类的基本知识

在之前的章节中，介绍了变量、数组等 C++ 各种各样的功能。这些功能，从以前开始就被运用在很多其他的编程语言中。但是，随着程序构造变得愈加复杂，能够高效编写程序的结构就变得尤为必要。因而，C++ 引进了新功能"类"。本章就一起学习关于类的基本知识。

Check Point

- 类
- 对象
- 作用域限定符
- 数据成员
- 成员函数
- private 成员
- public 成员

12.1 类的声明

 了解类如何工作

随着需要编写的程序逐渐变得复杂，为了可以在有限的期间内完成工作，更加高效的编写功能变得非常重要且不可忽视。为此 C++ 中开发了很多新功能，其中之一就是类（class）。利用类的功能，可以高效地编写复杂的程序。

本章开始将学习类所具有的强大功能。先来简单了解一下 "类" 的概念。

在处理类时，我们要借助于现实世界中存在的 "物" 等概念来理解。例如，试着考虑将 "汽车" 这个物品编写成程序。汽车具有 1234 或 4567 这样由数字组成的车牌号，装载着 20.5 升或者 30.5 升的汽油。这个时候，通过对 "汽车" 的数据分析，就可以得出以下结论。

■ 车牌号。
■ 汽油的余量。

即 "车牌号是 ××" "汽油的余量是 ××"，将这些与 "汽车" 有关的东西纳入 "汽车"。这些数据便可以说是汽车的 "性质和状态"。

除此之外，汽车还具有以下 "功能"。

■ 决定车牌号。
■ 给车加汽油。
■ 标明车牌号和汽油量。

可以说这些 "功能" 改变了车牌号和汽油量等。所谓类，就是为了将此类信息的性质、状态以及与之相关的功能汇总在一起，用于制作程序时所需要的概念。

为了达到汇总类的目的，可由如下代码进行表述。这是类的基本。

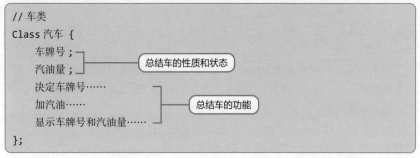

程序块内总结了汽车的"性质和状态"与"功能"，并为它命名为"汽车"，如图 12-1 所示。

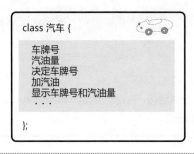

图 12-1 类

把一般物品的相关性质、状态和功能的统一描述统称为类。

声明类

接下来开始学习类的声明代码。实际上，类的写法和第 11 章所学的构造体几乎一样。所谓 C++ 的类，是自定义数据类型的其中一种，属于用户自定义数据类型。

将对象的性质和功能归纳到类中，就叫作类的声明。类的声明代码结构如下所示。

类的声明

```
      函数声明；●━━━━━━━━━━┥ 记述函数 ( 成员函数 )
      …
   } ;
```

在构造体的情况下使用的是关键字 struct，但是，在类的情况下是使用关键字
class。

在类中可以同时对变量和函数进行声明。这些变量和函数与在构造体一样，
被称为成员（member）。在类的情况下，变量被称为数据成员（data member），函
数被称为成员函数（member function）。

但是，关于成员函数存在一个注意事项。在上述语法示例中，只对成员函数
进行了声明。也就是说，对于成员函数的实际处理内容没有进行具体定义。因此，
定义成员函数的主体需要在类的声明的外部进行。其结构如下所示。

成员函数的定义

```
      返回值的类型  类名称 ; 成员函数名称（参数列表）
      {
         …━━━━━━━━━━━━━━┥ 表示成员函数的定义
      }
```

"∷"被称为**作用域限定符**（scope resolution operator）。使用 ∷ 运算符来指定
成员是哪一个类的成员函数。

> **重要**
>
> 类具有数据成员和成员函数。

构造体和类

第 11 章学习了关于构造体的相关知识。实际上，在 C++ 中
无论是构造体还是类，都具有将变量和函数合二为一的功能。但
是总结归纳函数时，使用类的情况比使用构造体更加普遍。

类声明的代码

接下来看一下类声明的代码。下述代码对"Car（汽车）"类声明了具有管理

车牌号和汽油余量的功能。

简单的类声明

```
// Car 类的声明
class car {
    public;
        int num;          ← 数据成员
        double gas;                      ← 类的声明
        void show();      ← 成员函数
};

// Car 类成员函数的定义
void Car:: show()     表明为 Car 类的成员
{                                    在类声明
                                     之外定义成
    cout <<" 车牌号是 " <<num <<". \n ";   员函数实体
}
```

该 Car 类拥有下述数据成员和成员函数。

■ 数据成员 : ❶num, 存储号码的变量。

❷gas, 存储汽油量的变量。

■ 成员函数 : show(), 输出车牌号和汽油量的函数。

成员函数的定义被记述在类声明的外部。通过指向 "Car::" 类, 使它不再是普通的函数, 而变成 Car 类的成员函数, 如图 12-2 所示。

这样, 类做出了如下描述和总结。

■ 数据成员 : 物的性质和状态。

■ 成员函数 : 物的功能。

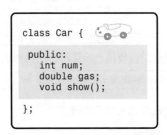

图 12-2 类的声明

类集合了数据成员和成员函数。

使用类

如前所述，声明过的类将成为一个新的类型。也就是说，可以对类类型的变量进行声明。类类型的变量的声明结构如下所示。

语法 创建对象

```
类名　变量名；
```
声明存储类值的变量

因为是新创建的类类型，所以和通常的声明变量的方法是一样的。

那么，接下来看看声明 Car 类变量的代码。

```
car car1;
```
声明 car1 是一个存储 Car 类值的变量

这是变量 car1 的声明，表示该类可以存储 "Car 类的值"。该类的变量被称为**对象**（object）或**实例**（instance）。本书将存储类类型的值的变量统称为对象。

> 对象是指存储类类型的值的变量。

访问成员

那么，接下来试着在代码中使用前文声明的对象。

为了使用对象，首先需要去访问对象的各成员并存储值。与构造体相同，此处需要使用点运算符（.）。

```
car1.num = 1234;
car1.gas = 20.5;
```
设置车牌号为 1234
设置汽油量为 20.5 升

另外，在调用成员函数时也使用点运算符。代码如下所述。

```
car1.show();
```
调用成员函数显示车牌号和汽油量

完成类的声明后，请试着输入如下代码。

Sample1.cpp 使用类

```
# inlude < iostream >
```

```
using namespace std;

// Car 类的声明
class Car {
    public:
        int num;
        double gas;
        void show();
};
```

这是一个 Car 类的声明

```
// Car 类成员函数的定义
void Car:: show()
{
    cout <<" 车牌号是 "<<num<<"。\n ";
    cout <<" 汽油量是 "<< gas<<"。\n ";
}
```

对成员函数
实体的定义

```
int main()
{
    Car car1;
```

定义类类型的变量(对象)

```
    car1.num= 1234;
    car1.gas = 20.5;
```

在数据成员中代入
车牌号和汽油量

```
    car1.show();
```

调用成员函数来显示车牌号和汽油量

```
    return 0;
}
```

Sample1 的执行画面

车牌号是 1234。
汽油量是 20.5。

　　该代码中的前半部分对 Car 类进行了声明，后半部分的 main() 函数声明了
Car 类中的对象。从执行结果可以看出，通过对 car1 这个对象进行声明，可以将
车牌号和汽油量的值代入到数据成员中，并最终显示出来。

　　也就是说，通过声明 car1，就在上述代码中完成了以下操作。

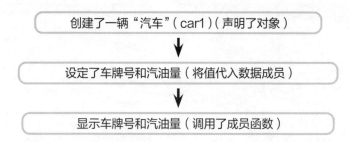

这一流程展示了以"汽车"概念为中心，一步步组装程序的过程。

创建对象

创建对象时，必须为其分配一定的存储空间（这里指声明 car1 时的情况），这一动作被称为创建对象，如图 12-3 所示。

相反地，不再使用对象并释放存储空间的动作被称为销毁对象。

也就是说，在 Sample1 中创建的对象 car1，是在 main() 函数内声明的局部变量。因此，当 main() 函数开始运行时，对象被创建，当 main() 函数结束运行时，对象被销毁。类似于一辆车被制造，随后又被废弃的过程。

当然，也可以创建动态对象。使用 new 运算符为对象分配内存，使用 delete 运算符释放内存。具体代码如下所示。

```
{
    Car * pCar;              准备一个指向 Car 类的指针

    pCar = new Car;          将动态指针的地址代入到创建对象

    pCar->num = 1234;
    pCar->gas = 20.5;        使用箭头运算符访问成员

    delete pCar;             销毁对象
}
```

准备一个指向 Car 类的指针 pCar，并存储于被动态分配的内存地址中。使指针访问成员的这一行为，可以与构造体一样使用**箭头运算符**（->）来完成。

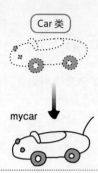

图 12-3 对象的创建

为了创建新对象而分配了相应的存储空间的行为，也被称为"创建对象"。

创建两个以上的对象

虽然在 Sample1 中只创建了一个对象，但其实创建多个对象也是完全可能的。

例如，如果要制造两辆车，除了声明变量 car1 以外，只需再声明一个 car2 即可。

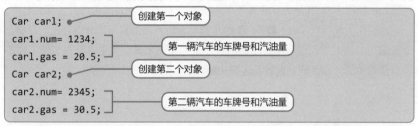

于是，两辆"汽车"都拥有了自己的车牌号和汽油量。car1 和 car2 是变量名，也可以从标识符中命名其他任意的名称。

如果用户创建了多个对象，必定可以编写出更复杂的程序，如图 12-4 所示。

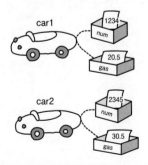

图 12-4 创建两个以上的对象

可以创建多个对象。

使用类的步骤总结

那么，如前所述得知，为了创建使用到类的程序，通常需要遵循以下两个步骤。

❶ 对类进行声明。
❷ 在类中创建对象。

步骤 ❶ "对类进行声明"可以理解为设计"关于汽车的一般规格"（类）的工作。

步骤 ❷ "在类中创建对象"可以理解为以上述规格的汽车（类）为基础，制作"另外的各种具体的汽车"（对象）的用于存储数据或操作数据的工作。

在这里，步骤 ❶ 和 ❷ 是连续记述在同一文件中的内容。但是也可以把部分代码拆分成两个文件，由不同的程序员进行构建。

在步骤 ❶ 的阶段，设计健全的 Car 类会使此后的工作变得简单。后续在使用到该 Car 类程序时，其他人就能高效率地使用"汽车"去完成其他各种各样的程序。

在制作大规模程序时，❶ 和 ❷ 的步骤通常由不同的程序员分别完成。在如此分开编写的情况下，编写不易出错的程序是非常重要的。类中也有很多使工作不易出错的功能，12.2 节就来看看这些功能。

12.2　限制成员访问

 ## 对成员的访问限制

在 Sample1 中，对数据成员的车牌号和汽油量进行了赋值。通过这样做，仿佛进行了为实际的汽车设定车牌号和汽油量的操作，即把汽车的车牌号设定为"1234"，汽油量设定为"20.5"。

但是，只是如此赋值的设定有时也会发生问题。例如，请注意，在 Sample1 的 main() 函数中出现了以下记述。

```
int main()
{
    Car car1;

    car1 num = 1234;
    car1. gas=-10.0;        此处代入了错误的汽油量

    car1. show();
}
```

上述代码表示 car1 的汽油量为 –10。这样显然是不可能的发生的值。在真正的汽车中，油量为负数的情况显然是不存在的，如图 12–5 所示。

类是以"物品"的概念为中心进行的设计。因此，在编写复杂程序的过程中，如果存在这样不自然的操作，就会发生程序报错的情况。

通常，在设计类的阶段，为了避免此类问题的发生，会设置各种各样的方法来避免发生错误。

从现在开始，请一个一个地了解这些方法。

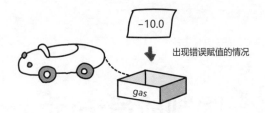

出现错误赋值的情况

图 12-5 对成员的访问

如果可以从类以外的地方随意地对成员进行访问修改，便会使程序容易发生错误。

创建 private 成员

那么在 Sample1 中，汽油量变成负数的错误原因到底是什么呢？其原因为该代码可以无限制地访问成员，并随意地把值（这里是 -10）赋予其中。因此为避免在 C++ 中发生此类错误，可以将成员设置成不能随意从类外部访问的成员。这种成员被称为 private 成员。那么，接下来试着将车牌号和汽油量设置为 private 成员。其代码如下所示。

```
class Car{
    private:
        int num;
        double gas;
        ...
};
```

将数据成员设置
为 private 成员

这里使用 private 来设置了该成员。这样一来，可以使在 Car 类以外（main()函数）的地方无法访问数据成员。其代码如下所示。

```
int main()
{
    ...
    // 无法进行访问
    //car1.num = 1234;
    //car1.gas =-10.0;
};
```

从类外部不允许访问 private 成员

这样一来，汽车的汽油量就不存在被赋值为负值的可能了，如图 12-6 所示。

```
class Car{
    private:

        int num;      ✗ ←——————
                                  │
        double gas;   ✗ ←——————  │
                                  │
        ...           │          │
                                  │
};                    │          │
```

```
int main()
{
    ...
    //car1.num = 1234;
    //car1.gas = -10.0;
    ...
}
```

图 12-6 private 成员

　　如果设置成 private 成员，就不能够从类外部随意进行访问了。

重要

不能从类外部访问 private 成员。

创建 public 成员

　　如前文所述，如果将数据成员设为 private 成员，则无法从类外部进行访问。但是这样做，就真的不能在 main() 函数中修改设定车牌号和汽油量了吗？

　　实际上，仍然存在可以访问的方法。那么请试着输入以下代码。这是改良 Sample1 之后的代码。

Sample2.cpp　对成员的访问限制

```
# include <iostream>
using namespace std;

// Car 类的声明
class Car {
    private:
        int num;
        double gas;
    public:
        void show();
        void setNumGas ( int d, buble g );
};
```

将数据成员设置成了 private 成员

将成员函数设置成了 public 成员

```
// Car 类成员函数的定义
void Car :: show();
{
    cout<<" 车牌号是 "<< num <<"。\n";
    cout<<" 汽油量是 "<< gas <<"。\n";
}
void car :: setNumGas ( int n, double g )
{
    if ( g > 0  &&  g < 1000 ){          ← 调查已传递的数值
        num =n;
        gas =g;                          ← 如果正确即设定该值
        cout <<" 将车牌号定为 "<< num <<", 汽油量定为 "<< gas <<"。\n";
}
    else{                                ← 用于防止设定出错误的值
    cout <<  g  <<" 不是正确的汽油量。\n";
    cout <<" 不能更改汽油量。\n";
}

int main()
{
    Car car1;

    // 无法进行访问。
    //car1.num =1234;                     ← 无法访问 private 成员
    //carl.gas =20.5;

    car1.setNumGas ( 1234, 20.5 );        ← 必须调用 public 成员然后对值进行设定
    car1.show();

    cout <<" 试着指定不正确的汽油量（ -10.0）…。\n";
    car1.setNumGas ( 1234, -10.0 );
    car1.show();

    return 0;
}
```

Sample2 的执行画面

将车牌号定为 1234，汽油量定为 20.5。
车牌号是 1234。
汽油量是 20.5。
试着指定不正确的汽油量 (-10.0)…。
-10.0 不是正确的汽油量。———— 不会设置错误的值
不能更改汽油量。
车牌号是 1234。
汽油量是 20.5。

在上述代码中，为了设定车牌号和汽油量，新添加了名为 setNumGas() 的成员函数。请注意此代码会在检查汽油量是否正确的判断之后，再进行赋值数据成员的处理。

在 Car 类的外侧，不可以直接设置车牌号和汽油量。但是，如果通过 setNumGas() 成员函数，则可以调用所需数据完成所需设定。使用成员函数，必须首先检查值的正确性，经过判断再更改汽油量。也就是说，该方法避免了错误设定汽油量的可能性。

setNumGas() 成员函数的权限被设定为 public，被称作 public 成员，如图 12-7 所示。属于 public 的成员可以从类的外部进行访问。这样，通过区分 private 和 public，便可以达到正确设定车牌号和汽油量的目的。

重要

public 成员可以从类外部进行访问。

```
class Car {
   ...
  public:
    void setNumGas(int n, double g);
    void show();
  {
  ...
  }
}
```

```
int main()
{
  ...
  car1.setNumGas(1234, 20.5);
  car1.show();
  ...
}
```

图 12-7 public 成员
    public 成员可以从类外部进行访问。

了解数据封装

在 Sample2 中可以做到为 Car 类中添加具有检查汽油量是否正确的代码。这样一来，就可以设计出不容易出现错误值的类。

如同 12.1 节所述，在处理类的程序中，通常情况下会由不同的程序员去负责类的规格部分（类声明）和类的实现部分（main() 函数等）。负责设计类的程序员如果能将类成员的权限准确地分为 private 成员和 public 成员，随后其他人在使用时，便可以编写出不易出错的程序，这是非常方便的功能。

如此，将数据（数据成员）和功能（成员函数）集中在类中，为想要保护的成员设置 private 访问控制，使其不能随意访问的功能被称为**封装**（encapsulation），如图 12-8 所示。

一般来说，如 Sample2 中代码所示，实际中经常会进行此类访问限制的操作，即数据成员为 private 成员，成员函数为 public 成员。封装是类具有的重要功能之一。

> 将数据和功能捆绑在一起的功能被称为封装。

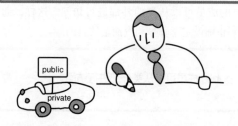

图 12-8　**封装**

通过将功能绑定并储存在类中，能够编写出不易出错的程序。

省略 public 和 private

private 和 public 被称为**访问限定符**（access specifier）。访问限定符是可以被省略的。如果省略，将全部变成 private 成员。

另外在 C++ 中，对于第 11 章中解说的构造体的各个成员，也可以使用访问限定符。但是，在构造体的情况下，将其省略之后将全部变成 public 成员。

除访问限定符之外还存在关键字 protected。关于 protected 的相关知识会在第 14 章进行详细学习。

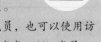

使成员函数变为内联函数

请注意，想要访问 private 成员，必须调用出 public 成员函数来进行访问。因此，在使用此类时，**成员函数存在频繁被调用的可能性**。但是，如第 7 章所述，如果频繁调用函数，代码的执行速度会变慢。因此，普遍做法为将简单的成员函数设置为内联函数。

请查看下述代码。

```
// Car 类的声明
class Car {
    private:
        int num;
        double gas;
    public:
        int getNum(){return num;}          将成员函数的主体在类内
        double getGas(){return gas;}       进行定义，就会将其变
        void show();                       成内联函数
        void setNumGas (int n,  double g);
};

                                           在类之外定义的成员函
// Car 类成员函数的定义                       数为一般函数
void car:: show()
{
    cout <<" 车的车牌号是 "<< num <<"。\n ";
}
...
```

上述代码是 Car 类代码的一部分。如第 7 章所述，将函数设置为内联函数时使用 inline 修饰符来完成。但是，在设定内联函数的对象为成员函数时，可以更简单地定义成内联函数。那就是在类声明内对函数本体定义，它就会自动成为内联函数。因为该代码中的 getNum() 函数和 getGas() 函数在类声明内已被定义，所以自动成为内联函数。另外，在类声明外定义的 show() 函数依旧是一般函数。

在类声明中定义的成员函数会自动成为内联函数。

成员函数的功能

　　因为成员函数是函数的一种，所以直接适用第 7 章说明的内容。也就是说，成员函数可以被重载，或者指定默认参数。在第 13 章中，将说明特殊成员函数的重载相关知识。

12.3 参数和对象

使用作为参数的对象

接下来，看看函数和对象的关系。使用将对象作为函数的参数。请试着输入下面的代码。

Sample3.cpp 使用作为函数参数的对象

```cpp
# include < iostream >
using namespace std;

// Car 类声明
class Car{
    private:
        int num;
        double gas;
    public:
        int getNun() {return num;}
        double getGas() {return gas;}
        void show() ;
        void setNumGas ( int n, double g );
};

// Car 类成员函数的定义
void car :: show()
{
    cout <<" 车牌号是 "<< num <<"。\n ";
    cout <<" 汽油量是 "<< gas <<"。\n ";
```

```
}
void car:: setNumGas (int n,  double g)
{
    if ( g > 0&& g < 1000 ){
        num =n;
        gas = g;
        cout <<" 将车牌号定为 "<< num <<", 汽油量定为 " << gas <<
            "。\n";
    }
    else {
        cout <<  g  << " 不是正确的汽油量。\n";
        cout <<" 没有更改汽油量。\n";
    }
}


// buy 函数的声明
void buy ( car c );

int main()
{
    Car car1;

    car1.setNumGas (1234, 20.5);

    buy (car1);                        将对象的值传递到函数中

    return 0;
}

// buy 函数声明
void buy ( car c )
{
    int n = c.getnum();                利用已传递的对象的值
    double g =c.g teas();
    cout <<" 买了车牌号为 "<< n <<", 汽油量为 "<<g <<
        " 的车。\n";
}
```

Sample3 的执行画面

将车牌号定为 1234，汽油量定为 20.5。
买了车牌号为 1234，汽油量为 20.5 的车。

如上述代码所示，将对象作为参数使用，可以达到让各个成员的值被复制并传递到函数内的目的。也就是说，上文中对象的成员 num 和 gas 的值被复制并传递给了函数。这和使用构造体作为参数的情况是相同的。

使用指向对象的指针作为参数

当对象拥有很多成员时，有时会出现调用函数的速度变慢的情况。

在该情况下，通常使用指向对象的指针作为参数。如果将指针用作参数，可以只传递对象的地址，不用逐个复制成员，在处理大规模类的情况下，处理速度会有一定的提高。

在下面的代码中，将 Sample3 的 buy() 函数的参数指向作为 Car 类对象的指针。因为类声明和类的成员函数的定义部分与 Sample3 相同所以在此省略。

Sample4.cpp　使用指针作为参数

```
...
// buy 函数声明
void buy（Car*pC）;                以指针为参数的函数

int main()
{
    Car car1;

    car1.setNumGas（1234,20.5）;

    buy（&car1）;

    return 0;
}

// buy 函数的定义                以指针为参数的函数
void buy（Car*pc）
```

```
{
    int n = pc->getNum();
    double g =pc->getGas();
    cout <<" 买了车牌号为 "<< n <<", 汽油量为 "<<g <<" 的车。\n ";
}
```

此处可以使用箭头运算符访问成员

该代码调用函数来传递 car1 的地址，并在函数内使用箭头运算符访问成员。执行结果与 Sample3 相同，如图 12-9 所示。

另外，同样的效果也可以将引用作为参数来获得。下述代码是将 Sample3 中的 buy() 函数作为 Car 类的对象来定义，并在函数内使用点运算符访问成员。

Sample5.cpp　作为参数使用引用

```
...
// buy 函数的声明
void buy（Car&c）;

int main()
{
    car car1;

    car1.setNumGas(1234, 20.5);

    buy(car1);

    return 0;
}

// buy 函数的定义
void buy (Car&c)
{
    int n= c.g tnum();
    double g =c.g getgas();
    cout<<" 买了车牌号为 "<< n <<", 汽油量为 "<<g <<
        " 的车。\n ";
}
```

作为参数使用引用

使用点运算符访问成员

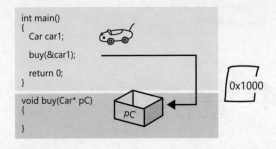

图 12-9 **使用指针作为函数的参数**

在成员数量较多的情况下，如果使用指针作为函数参数，函数的调用速度会相对变快。

12.4 章节总结

通过本章，读者学习了以下内容。

- 类具有数据成员和成员函数。
- 类可以作为用户定义类型之一所使用。
- private 成员不能从类的外部进行访问。
- public 成员可以从类的外部进行访问。
- 如需在类声明的外部定义成员函数，需要使用作用域限定符（∷）。
- 成员函数在类声明内定义，可直接成为内联函数。

本章介绍了关于类的设计方式和简单的使用方法。如果可以准确地设计类，就能高效地编写出不易出错的程序。在第 13 章将会更加详细地学习关于类的知识。

练习

1. 请选择○或 × 来判断以下题目。

①在类声明中可以省略访问限定符的是 public 成员。

②在类声明内定义成员函数，可直接成为内联函数。

③不能将数据成员设定为 public。

④ public 成员可以从类的外部访问。

⑤ private 成员不能从类的外部访问。

2. 请设计如下表示整数值的 Point 类。

数据成员

x:X 坐标（设定为 0~10）

y:Y 坐标（设定为 0~10）

成员函数

void setX (int a): 设定 X 坐标（超出范围值为 0）

void setY (int b): 设定 Y 坐标（超出范围值为 0）

int getX(): 得到 X 坐标值

int getY(): 得到 Y 坐标值

3. 请利用第 2 题设计的类，编写得出如下结果的代码。

```
请输入 X 坐标。
3 ⏎
请输入 Y 坐标。
5 ⏎
坐标是（3,5）。
```

第 13 章

类的功能

在第 12 章中，已经学习了简单的类的声明及其使用方法。除此之外，类还有各种各样其他的功能。本章将进一步详细介绍类具有的功能。

Check Point

- 构造函数
- 构造函数的重载
- 默认构造函数
- 静态成员

13.1 构造函数的基本结构

了解构造函数如何工作

在第 12 章中，已经学习了从类中创建对象并加以利用的方法。在创建对象时，需要进行各种各样的**初始化处理**。例如，请试着思考并着手编写之前创建出的汽车程序。在创建汽车时必须对其进行初始化处理，即将车牌号和汽油量的初始值设置为 0。

在使用类的编程中，将这样的初始化处理称作构造函数（constructor），是一种记述特殊成员函数的处理。构造函数是一种特殊的成员函数，当从类中创建对象时，它会自动地被调用。

接下来了解一下构造函数的定义。

语法　构造函数的定义

> 类名称::类名称（参数列表）
>
> ╰─ 构造函数使用类名作为函数名
>
> ╰─ 构造函数没有返回值，也不用记述 void

构造函数必须使用类名作为函数名，如图 13-1 所示。另外，构造函数不具有返回值。

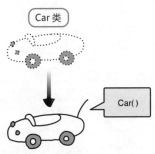

> Car 类
>
> Car( )

图 13-1　**构造函数**
创建对象时，可以被自动调用的特殊成员函数称为构造函数。

构造函数的定义如下。

```
car:: car()
{
    num =0;
    gas = 0.0;
    cout <<" 创建了汽车。\n";
}
```

构造函数不具有返回值

将类名称作为函数名

无论何时，只要 Car 类的对象被创建，就会自动执行已定义的构造函数并进行处理。该构造函数将 Car 类的车牌号和汽油量设定为 0。

接下来看看实际的构造函数。

Sample1.cpp 定义构造函数

```
# include < iostream >
using namespace std;

// Car 类的声明
class car{
    private:
        int num;
        double gas;
    public:
        Car ();
        void show ();
};

// car 类成员函数的定义
Car:: Car ()
{
    num =0;
    gas = 0.0;
    cout <<" 创建了汽车。\n ";
}
void car:: show ()
{
    cout <<" 车牌号是 "<< num <<"。\n ";
```

构造函数的定义

Lesson
13

```
    cout <<" 汽油量是 "< <gas <<"。\n ";
}

int main ()
{
    Car car1;
                    ┌──────────────────────────────────────┐
                    │ 一旦对象被创建，已定义的构造函数会自动被调用 │
                    └──────────────────────────────────────┘

    car1.show ();

    return 0;
}
```

Sample1 的执行画面

创建了汽车。 ────── ┌──────────────────┐
车牌号是 0。   │ 执行了构造函数内的处理 │
汽油量是 0。   └──────────────────┘

上述代码表示从 Car 类中创建了名为 car1 的对象。此时，已定义构造函数
Car() 被自动调用，并显示出"创建了汽车。"。车牌号和汽油量也被其设定为 0，
如图 13-2 所示。

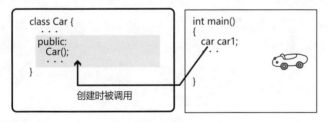

图 13-2　**构造函数**

如果对构造函数进行了定义，那么当创建对象时便会自动进行处理。

为了初始化对象，可以先定义构造函数。

关于设计类的注意事项

　　从本章开始，为了便于说明，将不对如第 12 章所述的检查数据成员赋值的成员函数进行定义。在实际设计类时，为了编写出没有错误的程序，需要对各个环节考虑周全。

13.2 构造函数的重载

重载构造函数

构造函数是一种成员函数。在函数中，只要参数的类型和数量不同，便可以定义多个相同名称的函数。请回忆前文出现过的被称作"重载"知识点。

如果构造函数的参数类型和数量不同，便可以重载。也就是说，可以定义多个构造函数。

请看下述两个构造函数的代码。

```
// Car 类成员函数的定义
Car:: Car ()
{                          ┌─ 没有参数的构造函数
    num = 0;
    gas =0.0;
    cout<<" 创建了汽车。\n ";
}
Car::Car (int n, double g)
{                          ┌─ 有两个参数的构造函数
    num=n;
    gas =g;
    cout <<" 创建了车牌号为 "<< num <<", 汽油量为 "<<gas <<
        " 的汽车。\n ";
}
```

试着编写使用如上两个构造函数的代码。具体示例如下所示。

Sample2.cpp 重载构造函数

```
# include < iostream >
```

```
using namespace std;

// Car 类的声明
class car{
    private:
        int num;
        double gas;
    public:
        Car ();
        Car (int n, double g);
        void show ();
);

// Car 类成员函数的定义
Car:: Car ()          没有参数的构造函数
{
    num =0;
    gas = 0.0;
    cout <<" 创建了汽车。\n ";
}
Car:: car (int n, double g)
{                      有两个参数的构造函数
    num =n;
    gas = g;
    cout <<" 创建了车牌号为 "<< num <<", 汽油量为 "<< gas <<
        " 的汽车。\n ";
}
void car::  show()
{
    cout<<" 车牌号是 "<< num <<"。\n ";
    cout<<" 汽油量是 "<< gas <<"。\n ";
}

int main ()            调用了没有参数的构
{                      造函数
    Car car1;
    Car car2 (1234, 20.5);   调用具有两个参数的构造函数
```

```
    return 0;
}
```

Sample2 的执行画面

创建了汽车。　←―――　输出无参数的构造函数

创建了车牌号为 1234，汽油量为 20.5 的汽车。　←―――　输出具有两个参数的构造函数

上述代码创建了两个对象。第一个对象没有指定参数。

```
Car car1;
```
←―――　自动调用没有参数的构造函数

在第二个对象中，指定了两个参数。

```
Car car2 (1234, 20.5);
```
←―――　自动调用具有两个参数的构造函数

此时，构造函数会被自动调用。

Sample2 可以理解为创建出两辆汽车，第 1 辆是车牌号和汽油量都为 "0" 的汽车，第 2 辆是车牌号为 "1234"，汽油量为 "20.5" 的汽车。

也就是说，如果定义了多个构造函数，就可以传递各种各样的参数，达到可以灵活创建对象的目的。

另外，调用构造函数时，也可以参考以下方式。

```
Car car1= Car ();
```
←―――　调用没有参数的构造函数

```
Car car2 = Car (1234, 20.5);
```
←―――　调用具有两个参数的构造函数

该方式的编写较长。一般情况下，建议使用 Sample1 中的较短的编写方式。

重要

构造函数可以重载，如图 13-3 所示。

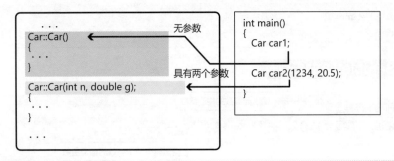

```
    . . .
Car::Car()
{
  . . .
}

Car::Car(int n, double g);
{
  . . .
}
    . . .
```

无参数

具有两个参数

```
int main()
{
    Car car1;

    Car car2(1234, 20.5);
}
```

图 13-3 构造函数的重载

当构造函数重载时，根据参数可以自动调用合适的构造函数。

 # 省略构造函数

那么，如果在没有定义任何一个构造函数的情况下，会进行什么样的处理呢？请回忆一下在第 12 章学习过的内容，即一个被设计成没有定义任何构造函数的 Car 类。

实际上，如果不定义构造函数，会产生不调用参数的构造函数。该构造函数不进行任何处理。这种构造函数被称作默认构造函数（default constructor）。也就是说，在省略了构造函数的情况下，会由编译器调用出空的默认构造函数。

但是，请注意，如果一旦用户自定义了任意一个构造函数，那么系统将不会准备空的默认构造函数。

13.3 构造函数的应用

 创建对象数组

尝试编写各种关于定义构造函数的类的代码。首先，试着编写创建对象数组的代码。因为类是新类型的一种，所以也可以对数组进行声明。一旦声明过数组就可以集中处理对象了。请看下面的代码。

Sample3.cpp 创建对象数组

```cpp
# include < iostream >
using namespace std;

// Car 类的声明
class Car{
    private:
        int num;
        double gas;
    public:
        car ()
        car (int n, double g);
        void show ();
};

// Car 类成员函数的定义
Car:: car ()
{
    num = 0;
    gas =0.0;
```

没有参数的构造函数的定义

```
    cout <<" 创建了汽车。\n ";
}
Car:: Car (int n, double g)
{
    num= n;
    gas = g;
    cout << " 创建了车牌号为 "<<num <<", 汽油量为 "<<gas <<
        " 的汽车。\n ";
}
void car:: show ()
{
    cout <<" 车牌号是 "<< num <<"。\n ";
    cout <<" 汽油量是 "<< gas <<"。\n ";
}


int main ()
{
    Car mycars [3] ={
        Car (),
        Car (1234, 25.5),
        Car (4567, 52.2)
    };

    return 0;
}
```

> 包含两个参数的构造函数的定义

> 调用没有参数的构造函数

> 调用具有两个参数的构造函数

Sample3 的执行画面

创建了汽车。
创建了车牌号为 1234，汽油量为 25.5 的汽车。
创建了车牌号为 4567，汽油量为 52.2 的汽车。

在上述代码中，为了声明对象数组，在 {} 内用逗号分隔了初始化的值。该代码中，第一个对象是用无参数的构造函数进行初始化，第二个和第三个对象是用具有两个参数的构造函数进行初始化的。

查看代码可以得知，如果使用该方法应对具有很多要素数组的情况时，初始化的代码就会变得很复杂冗长。因此，需要了解在如何不记述初始化值的情况下编写代码。具体示例如下所示。

Sample4.cpp　准备默认构造函数

```cpp
# include < iostream >
using namespace std;

//Car 类的声明
class Car{
    private:
        int num;
        double gas;
    public:
        Car ();
        Car (int n, double g);
        void show ();
};

// Car 类成员函数的定义
Car:: Car ()
{
    num =0;
    gas =0.0;
    cout <<" 创建了汽车。\n ";
}
Car:: Car (int n, double g)
    num = n;
    gas =g;
    cout <<" 创建了车牌号为 "<< num <<"，汽油量为 "<< gas <<" 的汽车。\n ";
}
void Car:: show ()
{
    cout<<" 车牌号是 "<< num <<"。\n ";
    cout<<" 汽油量是 "<< num <<"。\n ";
}

int main ()
{
    Car cars[3];
```

> 需要利用无参数的构造函数创建没有设定初始值的数组

> 调用了无参数的构造函数

```
    return 0;
}
```

Sample4 的执行画面

创建了汽车。
创建了汽车。———— 调用了无参数的构造函数
创建了汽车。

　　对象的数组可以在不记述初始化值的情况下进行构建。但是，此时运行必定会自动调用无参数的构造函数。因此，如果定义了包含两个以上参数的构造函数，必须同时对无参数的构造函数也进行定义。因为如果用户自己定义了任何一个构造函数，默认构造函数就不会出现。

 # 使用默认参数

　　如果使用在第 7 章学到的默认参数，可以简化编写构造函数的代码。请参照以下示例。

Sample5.cpp　使用默认参数的构造函数

```
# include <iostream>
using namespace std;

// Car 类的声明
class Car{
    private:
        int num;
        double gas;
    public:
        Car (int n=0, double g=0);    ●———— 具有默认参数的构造函数
        void show ();
};

// Car 类成员函数的定义
Car:: Car (int n, double g)
{
```

```
    num =n;
    gas = g;
    cout <<" 创建了车牌号为 "<< num <<", 汽油量为 "<< gas <<
        " 的汽车。\n ";
}
void Car:: show ()
{
    cout <<" 车牌号是 "<< num <<"。\n ";
    cout <<" 汽油量是 "<< gas <<"。\n ";
}

int main ()
    Car car1;         在没有传递参数的情况下创建对象
    Car car2 (1234, 20.5);         传递了参数之后创建对象

    return 0;
}
```

Sample5 的执行画面

创建了车牌号为 0, 汽油量为 0 的汽车。
创建了车牌号为 1234, 汽油量为 20.5 的汽车。

该代码对拥有两个参数的构造函数进行了一条定义。因此该构造函数既可以在没有传递参数时被调用，也可以在传递过参数后被调用。通过使用默认参数，可以将多个构造函数合并处理，从而代码会变得简单明了。

13.4 静态成员

成员和对象

在本节中，将学习更多关于特殊成员的知识点。

请回顾一下关于之前 Car 类的对象部分。已知通过创建对象，可以赋值和显示不同对象的 num 值和 gas 值。就像每辆汽车包含车牌号和汽油量等信息一样，每个对象的数据成员都能够存储值。这表明数据成员 num 和 gas 与对象关联在一起的情况也是存在的，如图 13-4 所示。

成员函数 show () 通过创建对象来调用所需数据。同时，该成员函数也与对象相关联。由此得知，普通成员与对象为相互关联的关系。

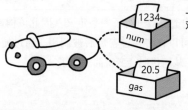

一旦创建了对象，即可对其进行赋值

1234
num

20.5
gas

图 13-4　普通成员

普通成员可以在对象创建时被访问。

了解静态成员如何工作

实际上在类中，也存在着与对象没有相互关联的成员。这种情况叫作与类整体相互关联。与类相互关联的成员被称为静态成员（static member）。

成为静态成员的数据成员和成员函数在声明时要加上关键字 static，即存储类修饰符。接下来尝试实际输入代码学习。请查看如下代码。

Sample6.cpp 描述静态成员

```cpp
# include < iostream >
using namespace std;

// Car 类的声明
class car{
    private:
        int num;
        double gas;
    public:
        static int sum;              // 静态数据成员
        car ();
        void setCar (int n, double g);
        void show ();
        static void showSum ();      // 静态成员函数
};

// Car 类成员函数的定义
Car:: car ()
{
    num = 0;
    gas = 0.0;
    sum + +;                         // 调用构造函数时，静态数据成员的 sum 值增加 1
    cout <<" 创建了汽车。\n ";
}
void car:: setcar (int n, double g)
{
    num = n;
    gas =g;
    cout <<" 车牌号为 "<<num <<", 汽油量为 "<< gas <<"。\n ";
}
void Car:: showSum ()                // 静态成员函数的定义
{
    cout <<" 一共有 "<< sum <<" 辆车。\n ";
}
void Car::show ()
{
```

```
    cout <<" 车牌号是 "<< num <<"。\n ";
    cout <<" 汽油量是 "<< gas <<"。\n ";
}

int Car:: sum = 0;          初始化静态数据成员

// 利用 Car 类
int main ()
{
    Car:: showSum ();          调用静态成员函数

    Car car1;          创建对象
    car1.setCar (1234, 20.5);

    Car:: showSum ();          再次调用静态成员函数

    Car car2;
    Car2.setcar (4567, 30.5);

    Car:showSum ();

    return 0;
}
```

Sample6 的执行画面

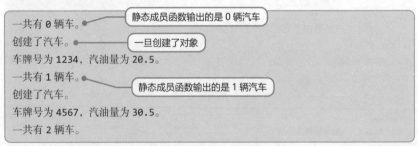

一共有 0 辆车。   静态成员函数输出的是 0 辆汽车
创建了汽车。   一旦创建了对象
车牌号为 1234，汽油量为 20.5。
一共有 1 辆车。   静态成员函数输出的是 1 辆汽车
创建了汽车。
车牌号为 4567，汽油量为 30.5。
一共有 2 辆车。

此处，数据成员 sum 加上 static 后成为静态成员。

```
static int sum;          添加描述 static 的静态成员函数
```

因为 sum 与类相互关联，所以在各个对象的构造函数中不可以被初始化。需要添加描述 Car:: 并在函数外进行初始化。当每创建一个汽车对象时，通过在构造

函数中处理"sum++;"语句，其值会被递增。也就是说，sum 是显示类的整体内一共存在多少辆车（多个对象）的数据成员。像这样**存储着处理整个类的数据的数据成员**就是静态数据成员，如图 13-5 所示。

接下来，请查看下述添加了 static 描述的成员函数 showSum() 函数的声明。

```
static void showSum ();
```
> 添加了 static 的静态成员函数

成为静态成员的成员函数具有在类中即使没有创建对象也能够调用成员函数的功能。

静态成员不同于普通成员，不需要与对象建立关联。

静态成员函数可以显示静态数据成员，或者进行对整个类相关的处理。无须创建对象也可以调用静态成员函数调用方式如下所示。

语法 静态成员函数的调用

> 类名∷函数名（参数列表）；

在上述代码中，调用了如下静态成员函数。

```
Car:: showSum ();
```
> 添加类名调用

在该静态成员函数中，显示了静态数据成员 sum 的值。虽然 sum 的值最初为 0，但是在创建了一个对象之后被再次调用时，就会发现其显示结果增加了 1。

使用静态成员可以轻松查看类的整体内含有多少辆车并进行管理。

重要

与类的整体相互关联的成员称为静态成员。

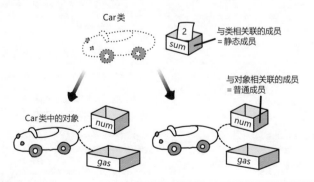

图 13-5 静态成员
静态成员是与类互相关联的成员。

静态成员的注意事项

在静态成员函数内不可以访问普通成员。原因为静态成员函数不可以与特定对象相互关联。

静态成员函数在没有创建对象的情况下可以被调用。因此，不能访问与特定对象相互关联的普通成员。也就是说，下述代码是错误的。

```
void car:: showSum ()        在静态成员函数内
{
    // 错误
    //cout <<" 车牌号是 "<< num <<"。";
}
        不能访问普通数据成员
```

13.5 章节总结

通过本章，读者学习了以下内容。

- 构造函数可以在对象被创建时调用。
- 构造函数可以重载不同的类型和数量的参数。
- 在没有传递参数值的情况下调用的构造函数被称为默认构造函数。
- 与类整体相关联的成员被称为静态成员。
- 管理整个类的数据存储在静态数据成员中。
- 即使没有创建对象，也可以调用静态成员函数。

类具有各种各样的功能。想要进行初始化处理，可以对构造函数进行定义。另外，如果要管理与整个类相关的数据可以对静态成员进行定义。这些都是类不可或缺的功能。

练习

1. 请选择○或 × 来判断以下题目。

　①类中必须要描述一个以上的构造函数。

　②构造函数不具有返回值。

　③构造函数不需要获取参数。

2. 请选择○或 × 来判断以下题目。

　①对于静态数据成员，在没有创建对象的情况下，不可以进行访问。

　②非静态的普通数据成员，无须创建对象也能访问。

　③在静态成员函数中，可以访问非静态的普通数据成员。

第 14 章

新类型

在第 12 章和第 13 章，已经学习了关于类各种各样的功能。在 C++ 中，还可以使用已经设计好的类来高效地创建新的类，从而能够高效地编写程序。本章将开始学习创建新类的方法。

Check Point

- 继承
- 派生
- 基类
- 派生类
- 虚函数
- 纯虚函数
- 抽象类
- 多重继承
- 虚拟基类

14.1 继 承

了解继承如何工作

在之前的章节中，利用集中了各种"汽车"功能的类，并创建程序。学习本章的知识点便可以进一步编写出新的程序。

例如，请参考以下内容，试着考虑编写适合**比赛用的赛车程序**。

赛车属于车的一种，所以汽车和赛车之间存在着许多的共同点。

C++ 在已经创建完成的类的基础上，可以再创建出新的类。以目前表示车辆的"Car 类"为基础，可以创建出代表赛车的"RacingCar 类"。像这样创建的新类被称为类的派生 (extends)。

该新类具有可以"继承"现有类的成员的功能。为了在现有类的基础上，使其具有新的属性和功能（成员），可以通过添加代码达到该目的。

请参考如下代码，先对创建新类的代码有一个大致印象。

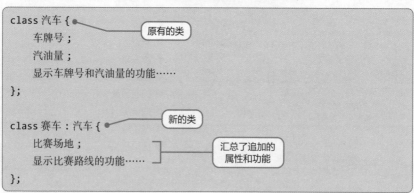

继"汽车"类之后，尝试对"赛车"类进行了总结。赛车类继承了汽车类原有的成员。因此，在代码中没有必要重复编写一遍汽车类中的成员。仅需要添加赛车类特有的功能即可。

如上所述，新扩展出的类继承了现有类的成员，该情况被称作继承（inheritance）。此时，原来的类被称作基类（base class），新类被称作派生类（derived class），如图 14-1 和图 14-2 所示。

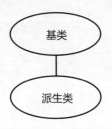

图 14-1　类的派生

可以在现有的类（基类）基础上创建出新的类（派生类）。

也就是说，此处关系如图 14-2 所示。

"汽车"类━━━▶基类
"赛车"类━━━▶派生类

图 14-2　"汽车"类与"赛车"类的关系

扩展类

接下来学习如何通过编写代码从而达到派生出新类的方法。在对派生类进行声明时，需要在 ":" 之后指定基类的名称。其结构如下所示。

语法　派生类的声明

```
class 派生类名称 : 继承方式  基类名称
{
    对派生类追加成员的声明
};
```

请参考如下派生类的实际代码。

Sample1.cpp　前半部分　扩展类

```
# include < iostream >
```

```
using namespace std;
// Car 类的声明          对基类的声明
class Car{
    private:
        int num;
        double gas ;
    public:
        Car ()
        void setCar (int n, double g);
        void (show ();
};

// RacingCar 类的声明
class RacingCar: public car{     派生类的声明
    private:
        int course;              新添加的数据成员
    public:
        RacingCar ();            派生类的构造函数
        void setCourse (int c);
                                 新添加的成员函数
};

// Car 类成员函数的定义
Car:: Car ()
{
    num =0;
    gas = 0.0;
    cout <<" 创建了汽车。\n ";
}
void car:: setCar (int n, double g)
{
    num =n;
    gas =g;
    cout <<" 把车牌号定为 "<< num <<"，汽油量定为 "<< gas <<"。\n ";
}
void car:: show ()
{
    cout <<" 车牌号是 "<< num<<"。\n "
    cout <<" 汽油量是 "<< gas <<"。\n "
```

```
}

// RacingCar 类成员函数的定义
RacingCar:: RacingCar ()
{
    course =0;
    cout <<" 创建了赛车。\n";
}
void RacingCar:: setCourse (int c)
{
    course = c;
    cout <<" 把路线号设为 "<<course <<"。\n ";
}
…（后半部分未完）
```

　　上述代码描述了基类 Car 和派生类 RacingCar 的声明，如图 14-3 所示。RacingCar 类继承了 Car 类原有的成员。因此，在 RacingCar 类中，不需要对已经继承的成员进行再次描述。仅需要描述出 Car 类中不存在的成员即可。这里，数据成员 course 和成员函数 setCourse() 是新添加的成员。

可以对基类衍生出的派生类进行声明。
派生类会自动继承基类的成员。

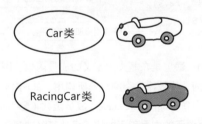

图 14-3　car 类和 RacingCar 类

　　可以对基类 Car 衍生出的派生类 RacingCar 进行声明。

创建派生类的对象

　　现在请尝试继续输入创建派生类对象的代码 Sample1 的后半部分。创建对象的方式，和本书之前所述方式相同，先对派生类的变量进行声明。

Sample1.cpp　后半部分　创建派生类的对象

```
...
（接前半部分）
int main ()
{
    RacingCar rccar1;          创建派生类的对象
    recar1.setcar (1234, 20.5);          调用继承的成员函数
    rccar1.setCourse (5);          调用添加的成员函数

    return 0;
}
```

Sample1 的执行画面（一）

```
创建了汽车。
创建了赛车。
把车牌号定为 1234，汽油量定为 20.5。          可以调用任何一方
把路线号设为 5。          的成员函数
```

在 Sample1 中创建对象之后，调用了如下成员函数。

```
rccar1.setCar (1234, 20.5);          ❶ 调用继承的成员函数
rccar1.setCourse (5);          ❷ 调用添加的成员函数
```

成员函数 setCar()（❶）是在基类中定义的成员函数。因为该成员被派生类所继承，所以可以同之前一样被派生类的对象所调用，如图 14-4 所示。

另外，在派生类中新添加的 setCourse() 成员函数（❷）也同样的可以被调用。

在派生类中，已经继承的成员和添加的成员都可以被调用。以这种方式扩充类，就能够利用已经设计好的类更加高效地创建新的类，也就是说，能够高效地编写程序。

可以通过扩展基类来设计派生类。

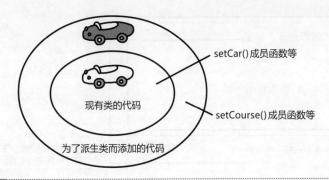

setCar()成员函数等

Lesson
14

现有类的代码

setCourse()成员函数等

为了派生类而添加的代码

图 14-4 **类的派生**
通过衍生出派生类，可以更加高效地创建程序。

类的功能

　　此处说明的"继承"、"封装"、"多态性"这 3 个功能是类具有的强项。利用类，可以更有效率地编写出错率低的程序。

 调用基类的构造函数

　　那么，现在来仔细观察下 Sample1 的执行结果。

Sample1 的执行画面（二）

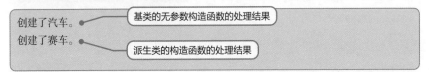

创建了汽车。—— 基类的无参数构造函数的处理结果
创建了赛车。—— 派生类的构造函数的处理结果

　　从最初显示的"创建了汽车。"可以得知，在创建派生类对象时，基类构造函数的处理是被先行执行了的。

　　类似上述代码中没有特别指定的情况下，派生类的对象被创建时，**在派生类的构造函数内，最先调用基类无参数的构造函数**。基类的构造函数不会被派生类继承。取而代之的会自动调用基类的无参数构造函数，如图 14-5 所示。如此，便可以顺利初始化从基类继承的成员。

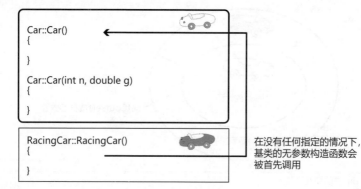

图 14-5 **在没有对构造函数进行任何指定的情况下**

在开始处理派生类构造函数时，将先调用基类无参数的构造函数。

指定基类的构造函数

已知如果不特别指定构造函数，首先会调用基类的"无参数的构造函数"。但是，在基类中含有多个构造函数的情况下，有时却需要明确指定调用某一个构造函数。

此时，应定义派生类的构造函数。代码如下所示。

Sample2.cpp 基类的构造函数

```cpp
# include < i6stream >
using namespace std;

// Car 类的声明
class car{
    private:
        int num;
        double gas;
    public:
        Car ();
        Car (int n, double g);
        void setCar (int n, double g);
        void show ();
};
```

```
// RacingCar 类的声明
class RacingCar: public Car{
    private:
        int course;
    public:
        Racingcar ();
        RacingCar (int n, double g, int c);
        void setcourse (int c);
};

// Car 类成员函数的定义
Car:: Car (
{
    num = 0;
    gas = 0.0;
    cout <<" 创建了汽车。\n ";
}
Car:: Car (int n, double g)
{
    num =n;
    gas =g;
    cout <<" 创建了车牌号为 " << num<<"，汽油量为 "<<gas<<" 的汽车。\n ";
}
void Car:: setCar (int.n, aouble g)
{
    num =n;
    gas = g;
    cout <<" 把车牌号改为 "<< num <<" 把汽油量改为 "<<gas <<" 。\n";
}
void (Car::sshow)
{
    cout<<" 车牌号是 "<< num <<"。\n ";
    cout <<" 汽油量是 "<< gas <<"。\n ";
}

// RacingCar 类成员函数的定义
RacingCar:: RacingCar ()
```

```
{
    course = 0;
    cout <<" 创建了赛车。\n ";
}
Racingcar:: Racingcar (int n, double g, int c): Car (n, g)
{
    course = c;
    cout <<" 创建了赛道编号为 "<< course <<" 的赛车。\n ";
}
void RacingCar:: setCourse (int c)
{
    course = c;
    cout <<" 将赛道编号改为 "<<course <<"。\n ";
}

int main ()
{
    Racingcar rccar1 (1234, 20.5, 5);

    return 0;
}
```

准备好被调用基类的拥有两个参数的构造函数

准备好被调用派生类的拥有三个参数的构造函数

Sample2 的执行画面

创建了车牌号为 1234，汽油量为 20.5 的汽车。
创建了赛道编号为 5 的赛车。

基类中两个参数的构造函数的处理结果

在此处可见，派生类中的三个参数在构造函数的开头描述如下。

指定基类的构造函数

```
RacingCar:: RacingCar (int n, double g, int c): car (n, g)
{
    course = c;
    cout<<" 创建了赛道编号为 "<< course <<" 的赛车。\n ";
}
```

在该派生类的构造函数中，有 ":Car (n, g)" 语句。如果想要指定基类的构造函数，该语句应按如下结构编写，如图 14-6 所示。

指定基类的构造函数

派生类名称∷派生类构造函数（参数列表）：基类构造函数
（参数列表）
{
　　派生类构造函数的本体定义
}

　　由上述代码结构可知这次首先调用的不是"无参数的构造函数"，而是"有两个参数构造函数"。也就是说，用户可以实现自主指定并调用基类的某一个构造函数。

```
Car::Car()
{

}
Car::Car(int n, double g)
{

}
```
可以调用目标构造函数

```
RacingCar::RacingCar(int n, double g, int c) : Car(n, g)
{

}
```

图 14-6　**指定基类的构造函数**
　　可以指定基类的构造函数为派生类的构造函数。

14.2 访问成员

从派生类内访问基类的成员

在第 12 章中，已经学习了如何指定 private 和 public 来限制访问成员。该结构可以编写出不易出错的程序。

而在本节中，将学习关于如何访问与基类和派生类存在密切关系的类。虽然部分知识点可能容易出现混淆，但不必慌张，踏踏实实地开始学习。

首先，请看一下从派生类内访问基类的成员的情况。

派生类并不能够无限制地利用基类。请回顾在第 12 章中出现的知识点，private 成员是不可以从类的外部访问的。因此已知基类的 private 成员是不被允许从派生类内进行访问的。

但是，由于派生类和基类有着密切的关系，这样的限制可能会带来不便。于是便有了可以在基类成员的声明中使用访问限定符将其设置为 protected 的功能。如果把 Sample1 的 Car 类数据成员设置成 protected 成员，那么就可以从 RacingCar 类的数据成员进行访问了。

```
// Car 类的声明
class Car {
    protected:          将 Car 类的数据成员指定为 protected
        int num;
        double gas;
    public:
        Car ();
        void setCar (int n, double g);
        void show ();
};
```

```
// RacingCar 类的声明
class RacingCar :public Car{
    private:
        int course;
    public:
        RacingCar ();
        void setcourse (int c);
        void newShow ();
};

...
// Racingcar 类成员函数的定义
...
void RacingCar:: newShow ()
{
    cout <<" 赛车的号码是 "<<num<<"。\n ";
}
```

> 从派生类可以访问 Car
> 类的 protected 成员

基类的 protected 成员和 private 成员一样不能从外部进行访问。但是，与 private 成员不同的是，访问对象可以从派生类的内部进行访问，如图 14-7 所示。

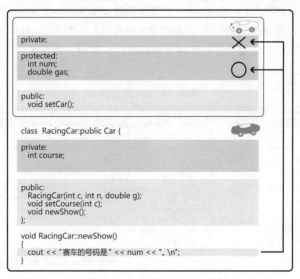

图 14-7　从派生类内访问基类的成员

要想从派生类使用基类的成员，必须在基类中指定 public 或 proteced。基类的 private 成员不允许被访问。

从外部访问派生类所继承的基类的成员

如果需要从基类或派生类的外部访问派生类的基类成员，会产生什么样的结果呢？被派生类继承的基类成员会成为派生类的 public 成员吗？还是成为 private 成员？

这个问题**取决于派生类是如何继承的**。

请查看以下作为派生类的声明部分的代码。

```
//RacingCar 类的声明
class RacingCar: public car{
...
```

此处，基类作为 "public" 被继承。所谓 "public 继承" 的意思如下。

■ 基类的 public 成员在派生类中也是 public 成员。

■ 基类的 protected 成员在派生类中也是 protected 成员。

■ 基类的 private 成员在派生类中也是 private 成员。

也就是说，作为 Car 类的 public 成员函数的 show () 和 setCarl() 函数，在派生类中也被认定为是 public 成员，能够做到在派生类之外被调用，如图 14-8 所示。

上述情况已被详细总结在表 14-1 的内容中。表 14-1 展示了可以访问基类成员的位置。

表 14-1　访问限定符

基类的访问限定	继承的方法	从派生类内部访问	从外部访问
public	public	可以	可以
protected		可以	不能
private		不能	不能
public	protected	可以	不能（因为是派生类的 protected 成员）
protected		可以	不能
private		不能	不能
public	private	可以	不能（因为是派生类的 protected 成员）
protected		可以	不能
private		不能	不能

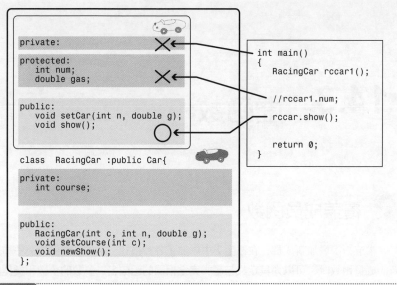

图 14-8　**从类外部访问派生类继承的基类成员**

想要从外部访问派生类继承的基类成员，该成员必须属于基类的 public 成员，并且 public 必须被派生类所继承。

14.3 虚函数

覆盖成员函数

本节为了增加新成员，在派生类中添加了各种描述。另外，在派生类中描述新的成员函数时，可以为其定义与基类完全相同的函数名、参数的个数和类型的成员函数。

例如，已经设计好的 Car 类中存在一个叫作 show() 的成员函数。此时，派生类的 RacingCar 类也可以定义具有相同的函数名、参数和类型的 show() 函数。具体请参考如下代码。

```
...
void car:: show ()                    基类的 show () 成员函数
{
    cout <<" 车牌号是 "<< num <<"。\n ";
}
...
Void Raeingcar:: show ()              派生类的 show () 成员函数
{
    cout<<" 赛车的车牌号是 "<< num <<"。\n ";
}
...
```

由此可见，在两个类中分别存在的两个成员函数，具有完全相同的参数类型、数量和函数名称。但是，派生类具有可以继承基类的成员的属性。那么，当使用了以下方法时，哪一个 show() 函数会被调用呢？请看如下代码。

Sample3.cpp 覆盖成员函数

```
# include <iostream >
```

```
using namespace std:
// Car 类的声明
class car{
    protected:
        int num;
        double gas;
    public:
        car ();
        void setCar (int n, double g);
        void show ();
};
```
基类的 show() 成员函数

```
// Racingcar 类的声明
class RacingCar : public Car{
    private:
        int course;
    public:
        RacingCar ();
        void setcourse (int c);
        void show ();
};
```
派生类的 show() 成员函数

```
// Car 类成员函数的定义
Car:: Car ()
{
        num=0;
        gas = 0.0;
        cout<<"创建了汽车。\n ";
}
void Car::setcar (int n,double g)
{
    num n;
    gas = g;
    cout <<"车牌号为 "<< num <<", 汽油量为 "<<gas<<"。\n";
}
void Car::show()
{
    cout <<"车牌号为 "<< num<<"。\n";
```

```
    cout <<" 汽油量为 "<<gas <<"。\n";
}

// RacingCar 类成员函数的定义
RacingCar:: RacingCar()
{
    course =0;
    cout <<" 创建了赛车。\n ";
}
void RacingCar:: setCourse (int c)
{
    course = c;
    cout <<" 将赛道编号定为 "course <<"。\n ";
}
void RacingCar:: show ()
{
    cout <<" 赛车的车牌号为 "<< num <<"。\n ";
    cout <<" 汽油量为 "<< gas <<"。\n ";
    cout <<" 赛道编号为 "< course <<"。\n ";
}

int main ()
{
    RacingCar rccar1;
    rccar1.setcar (1234, 20.5);
    rccar1.setcourse (5);

    rccar1.show ();                    调用 show() 成员函数

    return 0;
}
```

Sample3 的执行画面

```
创建了汽车。
创建了赛车。
车牌号为 1234，汽油量为 20.5。
```

将赛道编号定为 5。
赛车的车牌号为 1234。
汽油量为 20.5。
赛道编号为 5。

调用派生类的 show() 成员函数

Sample3 创建了派生类的对象，并试着调用了 show() 函数。然后，可以发现被调用的是派生类的 show() 函数。由此得知，如果函数名、参数的数量和类型完全相同，则会调用在派生类中被重新定义的函数。

在派生类中定义的成员函数会代替基类的成员发挥作用的现象，被称作覆盖（overriding），如图 14-9 所示。

> 在派生类中定义的成员函数会代替基类的成员发挥作用，该现象被称作覆盖。

因为上述代码中被调用的是派生类的 show() 函数，所以可能有的人会觉得这类情况下一定会调用出新定义的函数，但其实不然。

该情况下会调用新定义的函数是一条非常重要的规律，所以请牢牢记住。

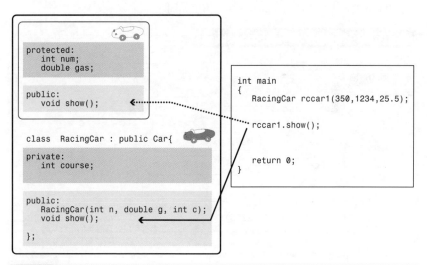

图 14-9　覆盖

覆盖是指派生类成员函数代替基类的成员函数发挥作用。

使用指向基类的指针

这一次尝试查看在不同的状况下，调用相同形式的成员函数时的情况。在此之前，有一个知识点希望读者们能先记住。那就是**使用基类的指针不仅可以指向基类本身，还可以指向派生类的对象。**

如下述代码所示，基类的指针可以赋值为派生类对象的地址。也就是说，可以使用基类的指针来处理派生类的对象。

```
car * pcar;
RacingCar rccar1;
pCar =&rccar1;     用基类的指针可以指向派生类的对象
```

接下来使用基类的指针指向派生类对象，试着去调用 show() 函数。也就是说，在上述代码之后添加如下代码。

```
pCar ->show ();     使用基类的指针指向派生类来调用 show() 函数
```

这一次会是哪一个类的 show() 函数被调用呢？请试着编写下面的代码。Car 类和 RacingCar 类的声明与 Sample3 中的声明相同。

Sample4.cpp　使用指向基类的指针

```
int main ()
{
    car * pCars [2];            准备基类的指针

    Car car1;                   创建基类对象
    Racingcar rccar1;           创建派生类对象

    pCars[0]=&car1;
    pCars[0]->setcar (1234, 20.5);
                                二者都可以处理基类的指针队列
    pcars [1] = & rccar1;
    pCars[1]->setCar (4567, 30.5);

    for (int i=0;i< 2;i++) {
        pCars[i]->show ();      调用成员函数 show()
    }
```

```
    return 0;
}
```

Sample4 的执行画面

```
创建了汽车。
创建了汽车。
创建了赛车。
车牌号为 1234，汽油量为 20.5。
车牌号为 4567，汽油量为 30.5。
车牌号为 1234。──┐      ┌─────────────┐
汽油量为 20.5。──┘      │ 基类的 show() 成 │
                      │ 员函数被调用      │
                      └─────────────┘
车牌号为 4567。──┐      ┌─────────────┐
汽油量为 30.5。──┘      │ 基类的 show() 成 │
                      │ 员函数被调用      │
                      └─────────────┘
```

　　在该代码中，分别创建了一个 Car 类和一个 RacingCar 类的对象，将各自的地址代入 Car 类指针的排列（pCars[]）中。但是，此时无论任何一方调用的都是基类的 show() 函数。也就是说，即使基类的指针是指向派生类的对象，调用的也是基类的 show() 函数。这和前文中的示例完全相反。

定义虚函数

　　已知使用基类的指针调用 show() 函数时，调用的是基类 show() 函数。但是，由于排列要素之一的 "pCars[1]" 是指向赛车在 "recar1" 的指针，直观上会出现调用了在 Racingcar 类里被重新定义的 show() 函数的感觉。

　　　因此，为了在 C++ 中能调用出与直观感觉相同的函数，在声明基类的成员函数时，必须使用 virtual 语句去指定相应的函数。其结构如下所示。

语法　**虚函数的声明**

> virtual 基类成员函数的声明 ;

　　记述了 virtual 的函数被称为**虚函数** (virtual function)。请看如下代码。

Sample5.cpp　利用虚函数的覆盖

```
# include < iostream >
using namespace std;
```

```
// Car 类的声明
class Car
{
    protected:
        int num;
        double gas;
    public:
        Car ();
        void setCar (int n, double g);
        virtual void show ();
};                    假设这是一个虚函数

// RacingCar 类的声明
class RacingCar :public Car
{
    private:
        int course;
    public:
        Racingcar ();
        void setCourse (int c);
        void show ();
};

// Car 类成员函数的定义
Car:: Car ()
{
    num = 0;
    gas = 0.0;
    cout <<" 创建了汽车。\n ";
}
void Car:: setCar (int n, double g)
{
    num = n;
    gas = g;
    cout <<" 车牌号为 "<< num <<", 汽油量为 "<< gas <<"。\n ";
}
void Car:: show ()
{
```

```
    cout <<" 车牌号为 "<< num <<"。\n ";
    cout <<" 汽油量为 " << gas <<"。\n ";
}

//RacingCar 类成员函数的定义
RacingCar:: Ragingcar ()
{
    course = 0;
    cout <<" 创建了赛车。\n ";
}
void Racingcar:: setCourse (int c)
{
    course = c;
    cout <<" 将赛道编号改为 "<< course <<"。\n ";
}
void RacingCar:: show ()
{
    cout <<" 赛车的车牌号为 " << num <<"。\n ";
    cout <<" 汽油量为 "<< gas <<"。\n ";
    cout <<" 赛道编号为 "<< course <<"。\n ";
}

int main ()
{
    Car * pcars [2];

    Car car1;
    Racingcar rccar1;

    pcars [0] = & car1;
    pCars[0]->setCar (1234, 20.5);

    pcars [1] = & rccar1;
    pCars[1]->setcar (4567, 30.5);

    for (int i=0;i < 2;i + +){
        pCars[i]->show ();
    }
```

调用 show() 成员函数后

```
    return 0;
}
```

Sample5 的执行画面

创建了汽车。
创建了汽车。
创建了赛车。
车牌号为 1234，汽油量为 205。
车牌号为 4567，汽油量为 30.5。
车牌号为 1234。———┐
汽油量为 20.5。————┴—— 基类的 show0 ()
                          成员函数被调用
赛车的车牌号为 4567。—┐
汽油量为 30.5。————┤—— 派生类的 show()
赛道编号为 0。————┘   成员函数被调用

上述代码是将基类的成员函数指定为 virtual，其他部分与 Sample4 相同。根据 "pCars[1]-> show()" 语句进而调用了在 RacingCar 类中重新定义的 show() 函数。可见其确实调用的是被新的派生类定义的成员函数。

如果成员函数为虚函数，则根据指针指向的对象类型，即可准确地调用特定的成员函数。

按照虚函数的结构，进行覆盖。

覆盖和重载

与 "覆盖" 相近的术语是 "重载"。关于重载，在第 7 章和第 13 章中已经进行了学习。重载是指定义函数名称相同，但参数类型等不同的函数。

覆盖则是类在派生时，定义函数名称、参数等完全相同的函数。

该知识点很容易混淆，所以请注意区分。

Lesson
14

14.4 抽象类

了解纯虚函数如何工作

本节将来继续学习更加深入的概念。以下形式的成员函数被称作纯虚函数（pure virtual function）。

语法 **纯虚函数**

> virtual 成员函数的声明 = 0;
>
> 描述为 =0

纯虚函数是在虚函数的声明的最后，带有"=0"的指令的代码。纯虚函数对处理的内容不进行定义。并且，在类的声明中，即使包含一个这样的纯虚函数的类，也不能创建对象。像这样的类被称作抽象类（abstract class）。

例如，请看如下名为 Vehicle 的类。

```
// Vehicle 类的声明
class vehicle{
    protected:
        int speed;
    public:
        void setSpeed (int s);
        virtual void show () = 0;          纯虚函数
};
```

该 Vehicle 类含有纯虚函数。在 Vehicle 类中对 show () 函数的处理内容不进行定义。即使含有一个纯虚函数的抽象类也不被允许创建对象，如图 14-10 所示。也就是说，编写如下代码不能达到创建对象的目的。

```
Vehicle vc;          不能对抽象类的变量进行声明
```

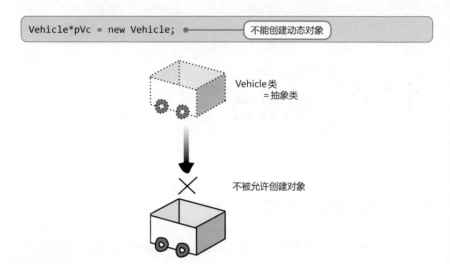

图 14-10 **抽象类**
在含有一个或多个纯虚函数的抽象类中，不可以创建对象。

使用纯虚函数

那么抽象类是为了起什么样的作用而存在的呢？接下来按顺序一一学习。

首先，抽象类 Vehicle 可以和本书前文所述一样，使用同样的方式派生出派生类。但是，为了能够创建由抽象类派生出的派生类的对象，必须进行以下步骤。**即在派生类中进行定义并覆盖抽象类的纯虚函数的内容。抽象类不可以创建对象，且如果不在派生类中定义纯虚函数的内容，则派生类中也不可以创建对象。**

那么，接下来看看如下使用抽象类的代码。

Sample6.cpp 使用抽象类

```cpp
# include < iostream >
using namespace std;

// Vehicle 类的声明
class Vehicle{          抽象类
    protected:
        int speed;
```

```
    public:
        void setSpeed (int s);
        virtual void show () = 0;          纯虚函数 show()
};

// Car 类的声明
class Car : public vehicle{
    private:                                从抽象类中派生出来
        int num;
        double gas;
    public:
        car (int n, double g) ;
        void show();                        show() 成员函数
};

// Plane 类的声明
class Plane: public vehicle{
    private:                                从抽象类中派生出来
        int flight;
    public:
        plane (int f);
        void show ();                       拥有 show() 成员函数
};

// vehicle 类成员函数的定义
void vehicle:: setSpeed (int s)
{
    speed = s;
    cout <<" 把速度定为 "<< speed <<"。\n ";
}

// Car 类成员函数的定义
Car:: Car (int n, double g)
{
    num= n;
    gas = g;
    cout <<" 创建了车牌号为 "<< num<<"，汽油量为 "<< gas <<" 的汽车。\n ";
}
```

```
void Car:: show ()
{
    cout <<" 车牌号是 "<< nun <<"。\n ";
    cout <<" 汽油量是 "<< gas <<"。\n ";
    cout <<" 速度是 " <<speed <<"。\n ";
}
```

定义了 show() 成员函数的处理方法

```
//Plane 类成员函数的定义
Plane:: Plane (int f)
{
    flight = f;
    cout <<" 创建了名为 "<< flight <<" 航班的飞机。\n ";
}
void Plane:: show ()
{
    cout <<" 飞机的班次是 " << flight <<"。\n ";
    cout <<" 速度是 "<< speed<<"。\n ";
}
```

定义了 show () 成员函数的处理方法

```
int main ()
{
    vehicle * pvc [2];
```

准备抽象类的指针队列

```
    Car car1 (1234, 20.5);
    pvc[0]=&car1;
    pVc[0]->setSpeed(60);
```

第一个对象是 Car 类

```
    Plane pin1 (232);
    pvc[1]= & pln1;
    pvc[1]->setSpeed (500);
```

第二个对象是 Plane 类

```
    for (int i=0;i < 2;i++) {
        pvc[i]->show ();
    }
}
```

如果调用成员函数 show()

Sample6 的执行画面

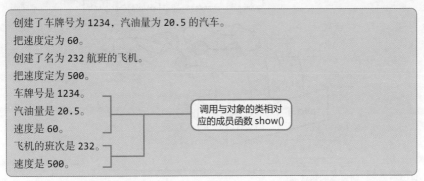

创建了车牌号为 1234，汽油量为 20.5 的汽车。
把速度定为 60。
创建了名为 232 航班的飞机。
把速度定为 500。
车牌号是 1234。
汽油量是 20.5。
速度是 60。
飞机的班次是 232。
速度是 500。

调用与对象的类相对应的成员函数 show()

Sample6 的代码对抽象类"载具（Vehicle）"和两个派生类的"汽车（Car）""飞机（plane）"进行了声明。为了在两个派生类中可以创建对象，对适用于每个类的 show() 成员函数的处理内容进行了定义，如图 14-11 所示。

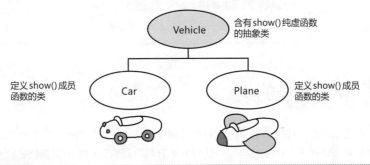

含有 show() 纯虚函数的抽象类

Vehicle

定义 show() 成员函数的类

Car

Plane

定义 show() 成员函数的类

图 14-11　对每个类的 show() 成员函数进行定义

在 main() 函数中，准备好了指向抽象类 Vehicle 的指针队列。虽然抽象类不能创建对象，但是可以通过准备该类的指针，达到指向派生类的对象的功能。

因为抽象类的纯虚函数一定会在派生类中被覆盖，由此得知，可以调用适合每个对象的类的 show() 成员函数。汽车类调用汽车数据，飞机类调用飞机数据，它们各自发挥着各自的作用，达到可以集中在一起控制汽车或飞机对象的目的。这是因为**任何一个抽象类衍生出的派生类都可以拥有与抽象类的纯虚函数（show() 成员函数）同名的方法。**

"汽车"和"飞机"的功能都属于"载具"。正如最开始说明的那样，在抽象类的派生类中，必须存在名为"show()"的成员函数，并且对其处理内容进行了定义。也就是说，如果使用抽象类，就可以将派生类综合起来进行简单的处理。利用抽象类，便可以写出易懂的代码，如图 14-12 所示。

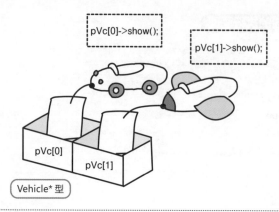

图 14-12 抽象类的用法

可以运用抽象类和派生类来描述简单易懂的代码。

在抽象类的派生类中，定义纯虚函数。

利用抽象类，能够编写简单易懂的代码。

调查对象的类

如前文所述，利用抽象类的代码可以集中处理复数派生类的对象，如通过一个抽象类去处理多个派生类对象。此时如果有**可以调查出对象所属的类名**的功能会更加方便。

为了实现该功能，可以利用**运行时类型识别**（RunTime Type Information: RTTI）获取信息。使用运行时进行类型识别，需要用到操作符 typeid。通过该操作符就可以查到对象所属的类名。

使用如下代码确认类名。为了使用 typeid 操作符，要插入 <typeinfo> 的语句。Vehicle 类、Car 类、Plane 类的声明与 Sample6 中的声明相同。

Sample7.cpp 调查对象的类

```
# include <iostream>
# include <typeinfo>          在开头插入 <typeinfo>
using namespace std;
```

```
...                      类声明的内容和 Sample6 相同

int main ()
{
    vehicle * pvc [2];
    car car1 (1234, 20.5);
    Plane pln1 (232);

                              第一个对象是 Car 类
    pVc[0]= & car1;
                              第二个对象是 Plane 类
    pVc[1]= & pln1;

                                    检查是否为相同的类(❶)
    for (int i=0; i<2;i + +){
        if (typeid (*pVc[i]) == typeid (car))
            cout<<(i+1) <<"第一个是 "<< typeid (Car) .name ()<< "。\n ";

        else
            cout<< (i+1) <<"第一个不是 "<< typeid (car) .name () << "。是 "
            << typeid (*pVc[i]) .name () << "。\n ";
    }                                 查询类名(❷)
}
```

Sample7 的执行画面

第一个是 class Car。
第一个不是 class Car。是 class Plane。

在该代码中，通过指向抽象类的 Vehicle 的指针来处理两个对象。第一个对象的类是 Car，第二个对象的类是 Plane。使用 typeid 操作符可以实现对 type_info 类对象的引用（运行时类型识别）。使用该类可以调查出两个对象的类。

如果使用 type info 类的 == 运算符，就可以知道对象所属的类是否相同（❶）。另外，还可以通过 type_info 类的 name 成员去调查对象的类名。

通过在最开始插入 <typeinfo>，可以调查出对象所属的类。

关于类型

综上所述，使用 <typeinfo> 的 typeid 操作符，可以在程序运行时调查出指定数据的类型。

另外，使用"decltype()"能够获取以变量开头的表达式的数据类型。这个方法可以在编译程序时用来调查数据类型。

14.5 类的层次结构

了解类的层次结构

目前为止，已经了解了关于从基类衍生出派生类的代码。在 C++ 中，还可以从派生类中更进一步地衍生出新的派生类。这种现象可以称为类的层次化。

派生类直接继承基类的基类 1 被称为直接基类（direct base class），间接继承基类的基类 0 被称为间接基类（indirect base class），如图 14-13 所示。

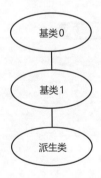

图 14-13　**从派生类中衍生**
　　在 C++ 中可以从派生类中更进一步衍生出新的派生类。

通过这样的多重派生的堆叠，可以继承类的规格，从而能够高效率地制作大规模的程序。

了解多重继承如何工作

在对类进行派生时，会出现需要该派生类继承两个以上的类的情况。这种继承被称作**多重继承**（multiple inheritance），如图 14-14 所示。

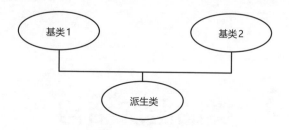

图 14-14 多重继承

可以从两个以上的基类进行继承。

多重继承的结构如下所示，需要使用逗号进行分隔并指定两个以上的基类。

 多重继承

> class 派生类：访问限定符　基类 1，访问限定符　基类 2
> …{
> 　　…
> };

从两个基类衍生

请查看如下代码。

Sample8.cpp　使用多重继承

```cpp
# include < iostream >

using namespace std;

// Base1 类的声明
class Base1{
    protected:
        int bs1;
    public:
        Base1 (int b1=0) {bs1-b1;}
        void showBs1 ();
};

// Base2 类的声明
class Base2{
    protected:
```

第一个基类

第二个基类

```
        int bs2;

    public:
        Base2 (int b2=0) {bs2=b2;}
        void showBs2 ();
};

// Derived 类的声明
class Derived:public Base1, public Base2{
    protected:
        int dr;
    public:
        Derived (int d=0) {dr=d;}
        void showDr ();
};

// Base1 类成员函数的定义
void Base1:: showBs1 ()
{
    cout <<"bs1 是 "<< bs1 << "。\n ";
}

// Base2 类成员函数的定义
void Base2:: showBs2 ()
{
    cout <<"bs2 是 "<< bs2<< "。\n ";
}

// Derived 类成员函数的定义
void Derived:: showDr ()
{
    cout <<"dr 是 "<< dr<< "。\n ";
}

int main ()
{
    Derived drv;

    drv.showbs1();
    drv.showbs2();
```

从这两个类衍生出派生类

```
    drv.showdr();

    return 0;
}
```

Sample8 的执行画面

```
bs1 是 0。
bs2 是 0。
dr 是 0。
```

派生类 Derived 是从基类 Base1 类和 Base2 类派生出来的。基于两个类进行了多重继承，如图 14-15 所示。从 Base1 类继承了 showBs1() 函数，从 Base2 类继承了 showBs2() 函数。

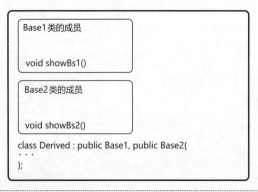

图 14-15 **基于多重继承的成员继承**
多重继承的派生类继承了两个以上的基类的成员。

 可以从两个以上的基类中进行多重继承。

 # 当基类含有相同的成员名时

在上文的多重继承中，如果 showBs1() 函数和 showBs2() 函数的函数名都是 showBs() 会发生什么呢？此时，如果描述了"Derived 类的 showBs() 函数"代码，会出现由于系统不能判断是从哪一个类继承的成员，导致该代码不能被编译的情况。

```
drv.showbs();
```
此处是错误的调用

但是在 C++ 中通过使用作用域限定符 ::，便可以如下描述调用成员的代码。

```
drv.Base1:: showBs();
drv.base2:: showBs();
```
调用从 Base1 继承的成员

调用从 Base2 继承的成员

请查看如下代码。

Sample9.cpp　使用具有相同成员名的基类

```cpp
# include < iostream >
using namespace std;

//Base1 类的声明
class Base1{
    protected:
        int bs1;
    public:
        Basel (int b1=0) {bs1-b1;}
        void showBs ();
};

// Base2 类的声明
class Base2{
    protected:
        int bs2;
    public:
        Base2 (int b2=0) {bs2-b2;}
        void showBs ();
};

// Derived 类的声明
class Derived: public Base1, public Base2{
    protected:
        int dr;
    public:
```

两个基类存在一样的成员名

从两个类派生出来

```
        Derived (int d=0) {dr=d;}
        void showDr ();
};

//Base1 类成员函数的定义
void Base1:: showBs ()
{
    cout <<"bs1 是 "<< bs1 <<"。\n ";
}

// Base2 类成员函数的定义
void Base2:: showBs ()
{
    cout <<"bs2 是 "<< bs2 <<"。\n ";
}

// Derived 类成员函数的定义
void Derived:: showDr ()
{
    cout <<"dr 是 "<< dr <<"。\n ";
}

int main ()
{
    Derived drv;

    drv.Base1:: showBs();          调用从 Base1 继承的成员
    drv.Base2:: showBs();          调用从 Base2 继承的成员
    dr.showdr();

    return 0;
}
```

当调用成员函数时，只需指定"类名 ::"就可以解决无法知道从哪一方继承的 showBs() 函数比较好的模糊问题。因此，Sample9 可以顺利地进行编译。

目前，把最初调用的数据当作从 Base1 继承的，把第二个调用数据当作从 Base2 继承的。该示例代码的执行结果与 Sample8 一致。图 14-16 所示是在多重继承时发生成员名相同的情况，在继承多个基类，且其中的成员名相同时，使用作用域限定符可以解决由多重继承的模糊性带来的问题。

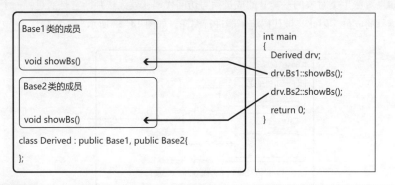

图 14-16　在多重继承时发生成员名相同的情况

继承的多个基类中的成员名相同时，使用作用域限定符（::）
进行指定。

了解虚基类如何工作

　　现在，读者们了解了在进行多重继承时，调用成员必须要十分小心的原因了
吗？但是不光是调用成员时需要小心，在多重继承的情况下，除前文出现的情况外，
还有可能在此过程中发生一些其他的问题。

　　如果进行多重继承，会出现如图 14-17 所示的类阶层的情况。

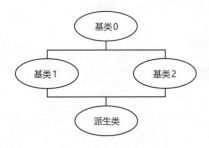

图 14-17　派生类拥有两个间接基类的情况
　　由于多重继承的关系，派生类存在拥有两个间接基类的情况。

此时，派生类通过继承基类1和基类2，拥有了两个基类0的成员。但是，如果对派生类对象的基类0的成员编写访问代码，就无法判断它是通过哪一个类继承的成员。因此，该代码将不能进行编译，如图14-18所示。

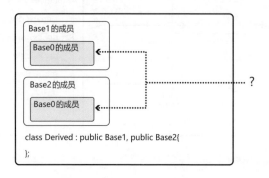

图 14-18 无法编译

在与图14-17具有相同的类层次的情况下，如果使用virtual指定基类0为继承对象，则派生类在其中仅拥有一个基类0。这样的基类0被称为**虚拟基类**（virtual base class）。其结构如下所示。

语法 **虚拟基类**

但是请注意，该virtual与在虚函数中使用的virtual意思并不相同。下述代码是以Base0为虚拟基类的代码。

Sample10.cpp 作为虚拟基类继承

```
# include < iostream >
using namespace std;

// Base0 类的声明
class Base0{
    protected:
        int bs0;
    public:
        Baseo (int b0=0) {bs0=b0;}
```

```
        void showBs0 ();
};

// Base1 类的声明
class Base1: public virtual Base0{
    protected:
        int bs1;                          将 Base0 作为虚拟基类来继承
    public:
        Base1(int b1=0) {bs1=b1;}
        void showBs1 ();
};

// Base2 类的声明
class Base2: public virtual Base0{
    protected:
        int bs2;                          将 Base0 作为虚拟基类来继承
    public:
        Base2 (int b2=0) {bs2-b2}
        void showBs2 ();
};

// Derived 类的声明
class Derived: public Base1, public Base2{
    protected:
        int dr;                           从两个类派生出来
    public:
        Dekived (int d=0) {dr=d;}
        void showDr ();
};

// Base0 成员函数的定义
void Base0:: showBs0 ()
{
    cout <<"bs0 是 "<< bs0 <<"。\n ";
}

// Base1 类成员函数的定义
void Base1:: showBs1 ()
```

```
{
    cout <<"bs1 是 "<< bs1 <<"。\n ";
}

// Base2 类成员函数的定义
void Base2:: showBs2 ()
{
    cout <<"bs2 是 "<< bs2 <<"。\n ";
}

// Derived 类成员函数的定义
void Derived:: showDr ()
{
    cout <<"dr 是 "<<  dr < <"。\n ";
}

int main ()
{
    Derived drv;

    drv.showbs0();          调用从虚拟基类继承的成员

    return 0;
}
```

Sample10 的执行画面

bs0 是 0。

在该代码中，Deriyed 类中存在着一个 Base0 类的成员。其原因是 Base0 类为虚拟基类。因此，可以调用从 Base0 类继承的成员。如果 Base0 不是虚拟基类，调用时会出现报错情况。

在这样的情况下，在进行多重继承时，必须十分小心一些可能存在模糊性的地方。

可以创建虚拟基类。

410

14.6　章节总结

通过本章，读者学习了以下内容。

- 可以从基类中衍生出派生类。
- 派生类可以继承基类的成员。
- 可以从派生类访问基类的 protected 成员。
- 与基类具有相同的函数名、参数的类型、数量的函数可以在派生类中进行定义和覆盖。
- 使用指向基类的指针来处理派生类的对象时，只有指定 virtual 作为虚拟函数的函数时才可以被覆盖。
- 含有一个或以上纯虚函数的类被称为抽象类。
- 抽象类不允许创建对象。
- 能够从两个以上的基类进行多重继承。
- 在一个派生类重复继承了基类的情况下，可以将基类设为虚拟基类。

本章学习了从现有的类中创建新类的方法。只要继承已经设计完成的类，便可以更有效率地编写程序。因为可以通过在已完成的代码中添加新代码的方式来达到目的。继承是"类"中强大的功能之一。

练习

1. 选择○或 × 来判断以下题目。

   ①从基类派生出来的类数量是一定的。

   ②从派生类进一步派生出的类被称为多重继承。

   ③在派生类中，可具有与基类相同名称的成员函数。

2. 选择○或 × 来判断以下题目。

   ①不能对指向抽象类的指针进行声明。

   ②不能创建抽象类的对象。

   ③派生类对象的地址可以赋值在基类的指针内。

3. 指出下列代码的错误。

```cpp
// Base1 类的声明
class Base1{
    protected :
        int bs1;
    public:
        Base1 (int b1=0) {bs1-b1;};
        void showBs ();
};

// Base2 类的声明
class base2{
    protected:
        int bs2;
    public:
        Base2 (int b2=0) {bs2-b2;};
        void showBs ();
};

// Base1 类成员函数的定义
void Basel:: showBs ()
{
    cout <<"bs1 是 "<< bs1 << "。\n ";
```

```
}

// Base2 类成员函数的定义
void Base2: showBs ()
{
    cout <<"bs2 是 "<< bs2 <<"。\n ";
}

// Derived 类的声明
class Derived:public Base1, public Base2{
    protected:
        int dr;
    public:
        Derived (int d=0) {dr=d;}
        void showDr ();
}

// Derived 类成员函数的定义
void Derived:: showDr ()
{
    cout <<"ar 是 "<< ar<<"。\n ";
}

int main()
{
    Derived drv;
    drv. showBs ();
    drv. showDr();

    return 0;
}
```

第 15 章

关于类的高级论题

在之前的章节中，读者们已经学习了类所具有的各种简便功能。在本章中，将一起来学习类的其他高级技能。

Check Point

- 重载运算符
- 转换函数
- 转换构造函数
- 析构函数
- 复制构造函数
- 赋值运算符
- 类模板
- 异常处理

15.1 重载运算符

 了解重载运算符如何工作

本章将介绍与类相关的各种高级论题。首先开始学习在类中使用运算符的方法。

请回顾一下运算符是如何进行运作的。在第 4 章中已经出现过，使用 + 运算符和 – 运算符进行的各种运算，并展示了对 int 型和 double 型等基本型的运算。

类是被用户创建出的新的类型。对于其中的对象，如果能够使用下述运算符所具有的功能，将会更加方便。

首先，请查看如下类。

```
// Point 类的声明
class point{                                    表示坐标的 Point 类
    private:
        int x;
        int y;
    public:
        point (int a=o, int b=0) {x=a;y = b;}
        void show () {cout<<"x:"<< x <<"y:"<<y <<'\n';}
        void setx (int a) {x=a;}
        void sety (int b) {y=b;}
};
```

该类显示出的是一个叫作 Point 的类在 xy 坐标上的点。是用利用类似数学的概念而声明的类。使用这个类，可以创建对象来表示坐标上的点。代码如下所示，显示结果如图 15-1 所示。

```
// 利用 Point 类
```

```
int main ()
{
    Point p1 (1,3);          表示坐标 (1.3) 的对象
    Point p2 (5,2);          表示坐标 (5,2) 的对象
    ...
}
```

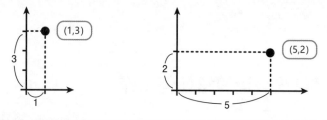

图 15-1　Point p1 和 Point p2

那么，如果需要使用两个对象的值，去记述一个与两个坐标位置相匹配的对象的值，应该如何完成呢?Point p3 的显示结果如图 15-2 所示。

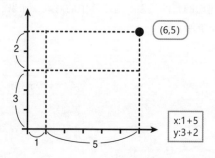

图 15-2　Point p3

在这种体现数学概念的类中，如果能使用 + 运算符进行以下的"加法运算"，就会很容易理解且方便。

```
// 利用 Point 类
int main ()
{
    point p1 (1,3);
    Point p2 (5,2);
    point p3 =p1 + p2;          如果可以进行加法运算就会十分方便
    ...
}
```

```
}
```

但是，原则上这样对 point 类进行加法运算是行不通的。因为 + 运算符不具有可以处理创建的 point 类对象的功能。

于是在 C++ 中便具有可以重新定义并处理对象的运算符的功能。也就是说，C++ 可以对运算符定义新的用法。这种情况被称作**重载运算符**（operator overloading）。

在 C++ 中可以定义运算符的用法。

重载成员函数

那么接下来就尝试着重载运算符，如图 15-3 所示。运算符的用法是把运算符定义为一种函数去使用。运算符是 operator 小括号运算符 ()，可定义成不同于一般函数的形式。

例如，

```
p1+p2
```

请思考需要进行 p1+p2 运算的情况。把利用该 + 运算符当作调用如下成员函数。

```
p1.operator + (p2);
```

把使用 + 运算符思考为是调用名为"operator+()"的成员函数的过程

换句话说，就是把 + 运算符的运算内容，当作调用名为 p1 对象中的"operator+()"成员函数。因此，通过在 Point 类中定义 operator+() 成员函数，即可使用 + 运算符。该函数也被称作**运算符函数**（operator function）。添加 Point 类的 + 运算符被定义为名为 operator+() 的运算符函数，在获取一个 Point 类类型的参数后返回 Point 类类型的值。

p1	+	p2
Point类	运算符	Point类

↓　↓　↓

p1	.operator+	(p2)
Point类	运算符函数	Point类的参数

图 15-3　重载运算符

重载 + 运算符可以对其定义处理对象的新用法。

二元运算符作为成员函数重载

返回值的类型　　operator 运算符（参数 1）；

那么，接下来请实际运用一下作为 + 运算符的新用法。

```
// Point 类的声明
class Point{
    private:
        int x;
        int y;
    public:
        Point (int a=0, int b=0) {x=a;y = b;}
        Point operator+ (Point p);        对运算符函数进行声明
};

                                          处理 Point 类的 + 运算符的处理内容
// Point 类成员函数的定义
Point Point:: operator+ (Point p)
{
    Point tmp;
    tmp .x = x +p.x;        左边的操作数        右边的操作数
    tmp.y =y + p.y;
    return 0;               运算结果
}
```

该代码对于 + 运算符已经定义了新的用法。具体定义为接收 Point 型的参数，并将成员与数据成员 x 和 y 相加，之后将结果作为 Point 型的返回值。

将运算符函数定义如上之后，Point 类的对象便可以使用 + 运算符了。如下所示，使用 + 运算符时，可以调用已经定义完成的运算符函数。

```
// Point 类的使用
int main ()
{
    point p1 (1,2);
    Point p2 (3,6);
    p1 =p1 + p2;        + 运算符变得可以使用
    ...
}
```

+ 运算符可以使用，Point 类将变得更容易运作。

重载友元函数

如果想要在 + 运算符的左侧操作数使用整数值，前文的运算符函数可以正常运作吗？

```
3 + p1;
```

> 当整数值用在操作数上时，会发生什么呢？

此时，需要将该运算当作为了求出以下坐标位置的运算，如图 15–4 所示。

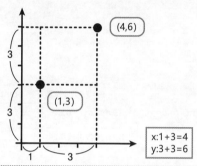

图 15–4　Point（3+p1）

实际上，即使如此使用 + 运算符，也调用不出刚才已经定义的函数运算符。那么原因是什么呢？因为，刚才已经定义为成员函数的 + 运算符的左侧操作数，必须是 Point 类的对象。否则将不可以使用 + 运算符，如图 15–5 所示。

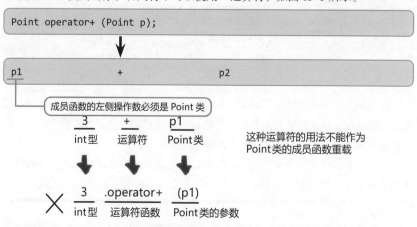

图 15–5　运算符不能作为成员函数重载时的情况

在二元运算符的左侧操作数不来自该类的值的情况下，作为成员函数定义的运算符不能使用。

因此，如果运算符的左侧操作数使用该类以外的值，运算符会将其作为如下函数重载。这种带有 friend 语句的函数被称作友元函数（friend function），如图 15-6 所示。

 语法 将二元运算符作为友元函数重载

> friend 返回值的类型 operator 运算符（参数 1，参数 2）；

那么，接下来尝试定义左侧操作数在不是 Point 类时调用的运算符函数。

```
// Point 类的声明
class point{
    private:
        int x;
        int y;
    public:
        ...                              ← 左侧操作数不是 point 类
        friend Point operator+ (int a, Point p);
};                                       ← 对友元函数进行声明和定义
...
// 友元函数的定义
Point operator+ (int a, Point p)
{
    Point tmp;
    tmp.x=a+ p.x;     ← 对应左侧操作数  对应右侧操作数
    tmp.y =a+p.y;
    return tmp;       ← 对应运算结果
}
...
```

友元函数不是该类的成员函数。但是，友元函数是**能够访问该类 private 成员的特别函数**。这个运算符函数具有处理 private 成员的功能。通常来说，不能定义为成员函数的运算符函数可以定义为友元函数。

友元函数虽然是在类中声明的，但不属于类里的成员函数。所以，对函数本体的定义上不添加 Point:: 语句。

不能定义为成员函数的运算符函数可定义为友元函数。

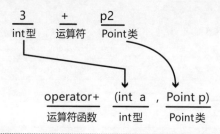

图 15-6　重载友元函数

如果不能重载为成员函数，可以重载为友元函数。

友元函数

　　这里说明的是作为运算符函数的友元函数。除此之外，普通的函数也可以定义为友元函数，可以把友元函数定义成可以访问类内 private 成员的函数。

　　但是在第 12 章中也说明了，在类中基本上不会去访问 private 成员。一旦增加可以随意访问 private 成员的函数，就失去封装的意义了。在遵从此原理的基础上，有必要作出充分考虑后，判断是否要对友元函数进行定义。

重载成员函数和友元函数

　　能重载成员函数的运算符，也可以重载友元函数。例如，最初定义完成的 p1+p2 中的 + 运算符，无论是重载为成员函数还是友元函数都可以，如图 15-7 所示。接下来请查看以下两种重载的方法。

作为成员函数时

```
class Point{
    ...
    point operator+ (point p);
};


Point Point:: operator+ (point p)
{
    Point tmp;
```

有一个参数的成员函数

对应右侧操作数

对应左侧操作数

```
    tmp.x =x + p.x;
    tmp.y=y + p.y;
    return tmp;
}
```

作为友元函数时

```
class point{
    ...
    friend Roint operator+ (Point p1, Point p2);
};

Point operator+ (Point p1, Point p2)
{
    Point tmp;
    tmp.x =p1.x +p2.x;
    tmp.y =p1.y +p2.y;
    return tmp;
}
```

有两个参数的成员函数

对应右侧操作数

对应左侧操作数

两个代码都定义了相同内容的 + 运算符函数。但是，请注意前文中成员函数和友元函数的参数个数是不同的。

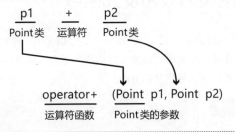

图 15-7 重载为友元函数

当运算符函数是成员函数时，也可以将其重载为友元函数。

关于重载运算符时的注意事项

目前已知关于 + 运算符的重载方法，除此之外其他的运算符也可以进行重载。下面来着重了解一下关于重载运算符时的注意事项。

- 以下 5 个运算符不能重载：.、::、.*、?:、sizeof。
- 除第 4 章的表 4-3 中所列的运算符，其他符号不能定义为运算符。
- 不能对基本型的运算符进行重载和变更其用法。
- 由运算符获取的操作数的个数不能变更。不能将一元运算符定义为二元运算符，或者将其颠倒。
- 运算符的优先顺序不能变更。
- 不能为运算符定义默认参数。

遵从这些限制，就可以对各种运算符进行重载。但是，不应当设定与对象运算符的意义不同的功能。例如，如果要定义 + 运算符的处理，就应该定义为能够联想到"加法"的处理。利用运算符函数能轻松描述出各种处理。但是，运用 + 运算符使其进行加法以外的操作的运算符函数肯定是错误的源头。

赋值运算符

　　对对象使用运算符的前提是必须重载该运算符。但是，赋值运算符（=）即使不重载也可以使用。赋值运算符具有将对象成员的值复制到另一个对象成员的功能。

　　但是，当使用赋值运算符时，出现需求和规定用法不合适的情况时，可以自行对其用法进行定义。例如定义了 operator=() 的运算符函数，就可以按照已定义的方式去完成处理。赋值运算符的重载会在 15.3 节中详细解说。

重载一元运算符

接下来，试着去重载 + 运算符以外的运算符，如图 15-8 所示。

+ 运算符是取两个操作数的二元运算符。与此相对，++ 运算符是只取一个操作数的一元运算符，通常定义为不用内传参数的成员函数。

语法　**重载作为成员函数的一元运算符**

> 返回值的类型　opertor 运算符 ();　●──────　将一元运算符作为成员函数进行重载的情况下不需要参数

例如，通过下面的代码，我们可以定义 ++ 运算符，使 x 坐标和 y 坐标都递增 1。

```
+ + p1;
```

该 ++ 运算符函数的定义如下。

```
// Point 类成员函数的定义 ●                前置自增运算符的重载
Point point:: operator++ ()
{                                          对应操作数
    x + +;  ●                    x 坐标增加 1
    y + +;  ●                    y 坐标增加 1
    return  * this; ●                 返回增加后的对象
}
```

这里，指定 *this 作为返回值。this 是指调用成员函数指向对象本身的指针。也就是说，如 "++p1;" 为指向 p1 的指针。在成员函数中，使用 "this" 这个指针来处理关于对象本身的信息。

在该函数内，将各成员的值增加了 1 之后，其函数自身作为返回值。这是为了通过将自身作为运算结果，达到能够将增加之后的值代入其他对象的目的。

```
Point p3=++p1;
```

关于如何代入递增之后的值，可回到第 4 章进行复习。

this 指针指向调用其成员函数的对象本身。

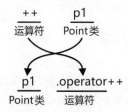

图 15-8 **一元运算符的重载**
　　一元运算符是定义为不获取参数的成员函数。

另外，递增运算符分为前置和后置两种（第 4 章）。前置递增运算符的定义是无参数的成员函数，后置递增运算符为了与前置递增运算符做区分，重载为含有一个参数的运算符函数。

```
Point Point:: operator++ (int d) ●          重载后置递增运算符
{                                          对应操作数
```

```
    point p=*this;
    x + +;
    y + +;
    return p;
}
```

x 坐标增加 1

y 坐标增加 1

以增加之前的对象自身为 p

返回增加之前的对象

　　该后置递增运算符使用 this，暂时在 p 递增前保存了自身的数据。最后返回递增前的值作为运算结果。这是为了将递增前的值代入其他对象里。使用 int 型的参数 d 的目的，仅仅是为了和前置的运算符做区分。

 # 重载各种运算符

　　目前为止，本书已经学习了重载为了处理 Point 类的运算符。试着总结上述内容并编写下面一段代码。

Sample 1.cpp　重载各种运算符

```
# include < iostream >
using namespace std;

// Point 类的声明
class Point{
    private:
        int x ;
        int y;
    public :
        Point(int a = 0, int b = 0){x =a;y =b;}
        void setx(int a){x = a;}
        void sety(int b){y =b;}
        void show(){cout<<"x:"<<x<<"y:"<<y<<'n';}
        Point operator++();
        Point operator++(int d);
        friend Point operator+(Point p1, Point p2);
        friend Point operator+(Point p, int a);
        friend Point operator+(int a, Point p);
};
```

重载各种运算符

```
// Point 类成员函数的定义
Point Point::operator++()
{
    x++;
    y++;
    return *this;
}
```

前置递增运算符的定义

```
Point Point::operator++(int d)
{
    Point p =*this;
    x++;
    y++;
    return p;
}
```

前置递增运算符的定义

```
// 友元函数的定义
Point operator+(Point p1, Point p2)
{
    Point tmp;
    tmp.x= p1.x + p2.x;
    tmp.y=pl.y +p2.y;
    return tmp;
}
```

运行 p1+p2 的 + 运算符的定义

```
Point operator+(Point p, int a)
{
    Point tmp;
    tmp.x =p.x + a;
    tmp.y=p.y +a;
    return tmp;
}
```

进行 p1+3 的 + 运算符的定义

```
Point operator+ (int a, Point p)
{
    Point tmp;
    tmp.x =a + p.x;
    tmp.y =a + p.y;
    return tmp;
}
```

运行 3+p1 的 + 运算符的定义

Lesson
15

```
int main ()
{
    Point p1(1,2);
    Point p2 (3,6);
    p1 =p1+p2;
    p1 + +;
    p1 = p1+3;
    p2 =3+p2;

    p1.show ();
    p2.show ();

    return 0;
}
```

使用定义的运算符

Sample1 的执行画面

```
x: 8   y: 12
x: 6   y: 9
```

在该代码中，定义了之前介绍过的 5 种运算符函数。此处的知识点容易混淆，建议读者按需逐个进行复习巩固。如果可以熟练运用重载运算符，便能够使类具有更强大的功能。

重载使用参数的运算符

运算符函数的参数，也可以使用对象的引用。如第 12 章所述，如果使用引用作为参数，处理速度可能会有所提高。

例如，在 + 运算符函数中使用引用参数，代码如下所示。

```
Point operator+ (const Point& p);
```

使用引用作为参数

对于在函数中提高执行速度这一点上，可以考虑使用指针指向对象的方法。但是，使用 + 运算符时只能使用形参。另外，不可以将 + 运算符的操作数作为指针使用。

15.2 类的类型转换

使用转换函数

接下来，请了解关于类的类型转换方法。

首先，试着回顾一下在第4章中学到的类型转换。第4章中展示了在进行赋值和运算时，实行类型转换的示例。此外，还介绍了使用类型转换符进行类型转换的方法。

类属于新类型的一种。如果能把不同类进行类型之间的转换，将使代码编写变得更加方便。请查看下面的类。

```cpp
// Number 类的声明
class Number{
    private:
        int num;
    public:
        Number () {num =b;}
        Number (int n)  {hum = n;}          转换构造函数
        operator int(){return num;}          转换函数的定义
        Number operator++ ();
        umber operator++ (int d);
        Number operator--();
        Number operator--(int d);
};


Number  Number::operator++ ()
{
    num + +;
    return* this;
}
```

```
Number  Number::operator++ (int d)
{
    Number n =*this;
    num++;
    return  n;
}
Number Number::operator--()
{
    num--;
    return*this;
}
Number Number::operator--(int d)
{
    Number n =*this;
    Num--;
    return n;
}
```

Lesson
15

　　该代码是为了计数而声明的 Number 类。该 Number 类的值被定义为能够在与 int 型值之间进行型转换。

　　首先，观察一下 Number 类中的以下部分。

```
operator int(){return  num;}
```
转换函数的定义

　　这样的形式，被称作**转换函数**（conversion function）。**转换函数具有将类的值转换成其他类型值的作用**。此处定义了将 Number 类的值转换为 int 型值的处理。

 语法　**转换函数**

> Operator 类型名 ()

　　转换函数不指定返回值的类型。因为返回值的类型肯定与目标对象转换函数的类型一致。

　　如果预先定义了这样的转换函数，就可以使用类型转换符进行显式转换。请查看如下使用 Number 类的代码。

```
// Number 类的使用
int main ()
{
    Number n;
    int i= (int) n;
```
Number 类的值可以转换成 int 型

...

使用类型转换符可以将该 Number 类的值转换成 int 型。另外，该转换函数即使不使用类型转换符也能发挥作用。因此，该代码也可以编写为如下形式。

```
int main ()
{
    Number n;
    int i =n;         即使不使用类型转换符，只要定义转换函数就可以进行类型转换
    ...
```

不使用显式的类型转换符也可以赋值 int 型的变量。

只要定义转换函数，就可以转换成其他类的类型。

使用转换构造函数

通过这样定义转换函数，可以将类的值转换成不同类型的值。那么，怎样才能将 int 型的值转换为 Number 类的值呢？请参考 Number 类的定义。下面的代码中有一个含有一个参数的构造函数。

```
Number (int n) {num=n;}      由构造函数将 int 型的值转换成 Number 型的值
```

这样定义了构造函数后，在创建对象时，通过将 int 型的值作为一个参数传递就能得到 Number 型的值，如图 15-9 所示。

```
int i = 10;
Number n (i);         将 int 型的值 10 转换成 Number 型的值 n
```

也就是说，如果有一个参数的构造函数具有与转换函数相反的功能，则称该函数为**转换构造函数**（conversion constructor）。

 转换构造函数

类名称：类名称（参数）

即使在转换构造函数被定义的情况下，也可以不使用类型转换符而进行从 int 型到 Number 型的类型转换。具体代码如下所示。

```
int main ()
{
    int  i= 10;
    Number n = i;
    ...
```

 重要

如果定义了有一个参数的构造函数（转换构造函数），就可以对其他类进行类型转换。

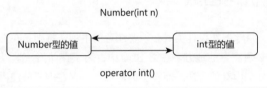

Number(int n)

operator int()

图 15-9　**类型转换**

转换函数可以将类的类型值转换成别的类型值。转换构造函数可以将不同类型的值转换为类的类型值。

15.3 内存的分配与释放

 ### 定义析构函数

在本节中，将学习在设计类时必须要注意的事项。特别是在类内动态分配内存时，有各种必须注意的地方。在第 10 章中，为了存储值，学习了使用 new 运算符进行动态分配内存的方法，而在类的内部，也存在需要分配内存的情况。请查看以下代码。

```cpp
# include < iostream >
# include < cstring >
using namespace std;

// Car 类的声明
class Car {
    private:
        int num;
        double gas;
        char*pName ;
    public:
        Car (char pN, int n, double g);
        ...
};

Car:: Car (char*pN, int n, double g)
{
        cout << " 创建 " << pN <<"。\n ";
        pName = new char[strlen (pN) +1];
        strcpy (pName, pN);
```

在构造函数中动态地分配内存

```
        num = 0;
        gas = 0.0;
}
...
```

该 Car 类为了处理表示汽车名称的字符串，使用了名为 pName 的指针作为成员来发挥作用。然后，在 Car 类的构造函数内，为了显示出汽车的名称，**进行了分配符合字符串大小的内存**的处理。因此，如果创建了该 Car 类的对象，该类就会动态地分配内存，并将字符串的开头地址保存在 pName 中。

由于该代码中使用了 new 运算符来分配内存，所以必须在代码的某个地方写入 delete 运算符用于释放内存（第 10 章）。像这样在对象进行动态分配内存的处理时，有必要在废弃对象之前释放已分配的内存。否则，每次创建对象时可用的内存就会不断减少，最后导致程序不能正常运行。

那么，到底应该在哪里释放内存呢？其实是在销毁对象时自动调用的成员函数中定义的。该成员函数叫作**析构函数**（destuctor），如图 15-10 所示。在第 13 章学到的构造函数是在对象开始工作时被自动调用的。析构函数与构造函数具有恰好相反的功能。

 语法

析构函数的定义

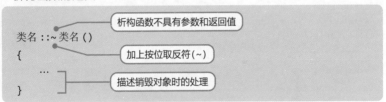

类名 :: ~ 类名 ()　　　　　　　 析构函数不具有参数和返回值

{　　　　　　　　　　　　　　 加上按位取反符(~)

　　 ...　　　　　　　　　　　 描述销毁对象时的处理

}

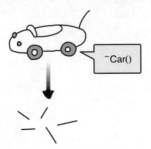

~Car()

图 15-10　**析构函数**

析构函数在对象被销毁时会被自动调用。在析构函数内，可以对已分配的内存进行释放等行为。

复制字符串

在本节中，将使用 strcpy() 函数来实现向内存中复制字符串。在 Visual Studio 中，如果要编译 strcpy() 函数，系统就会报出有关安全的错误提示，所以需要参照前言内容进行处理，或者使用安全函数 strcpy_s() 来应对错误提示。使用安全函数的代码可查询本书提供的支持网站。

析构函数没有参数，而且也不具有返回值。通过使用函数名（析构函数的名称）在类名前加上 ~（按位取反运算符）来处理目标。定义析构函数，并提前定义好如何进行释放内存处理，在销毁对象的同时就可以释放类内已分配的内存。

那么，接下来看看定义析构函数的代码。

Sample2.cpp 定义析构函数

```cpp
# include < iostream >
# include < cstring >
using namespace std;

// Car 类的声明
class Car{
    private:
        int   num;
        double gas;
        Char* pName;
    public:
        Car:: Car (char*pN, int n, double g);
        ~Car ();          ●————  析构函数的声明
        void show ();
};

//Car 类成员函数的定义
car:: car (char*pN, int n, double g)
{
    pName = new char[strlen (pN) +1];
    strcpy (pName, pN);    ●————  在析构函数中动态地分配内存
    num= n;
```

```
    gas = g;
    cout << " 创建了 " << pName << "。\n ";
}
Car:: ~car()
```
析构函数的定义
```
{
    cout << " 销毁了 " << pName << "。\n ";
    delete [] pname;
```
有必要进行释放内存的处理
```
}
void Car:: show ()
{
    cout <<" 车牌号是 "<< num <<"。\n ";
    cout <<" 汽油量是 "<< gas <<"。\n ";
    cout <<" 名称是 "<< pName <<"。\n ";
}

// 使用 Car 类
int main ()
{
    Car carl("mycar", 1234,25.5);
    car1.show ();

    return 0;
}
```

Sample2 的执行画面

创建了 mycar。
在析构函数中分配内存
车牌号是 1234。
汽油量是 20.5。
名称是 nycar。
销毁了 mycar。
在析构函数中释放内存

　　在 Sample2 中，析构函数内动态地分配了内存。为此，该代码在析构函数中描述了释放内存的处理。

　　如上所述，析构函数描述了如何在销毁对象时进行的必要处理。另外，在不需要释放内存就可以结束时，不需要描述析构函数。

重要   销毁对象时所需的处理，可以用析构函数来进行描述。

析构函数和构造函数

第 13 章介绍了重载不同参数的构造函数。但是，由于析构函数不具有参数，所以只存在一种形式。因此，不能对析构函数下多个定义，也就是对析构函数不可以进行重载。

另外，在派生类的对象被销毁时，首先调用派生类的析构函数，其次调用基类的析构函数。顺序和构造函数恰好相反。

但是，如第 14 章中的 Sample4 的情况，在处理使用基类的指针指向派生类的对象时需要小心。因为在销毁派生类对象时，只会调用基类的析构函数，且在派生类的析构函数进行内存释放时，只调用基类的析构函数是会出问题的。

为了能调用派生类的析构函数，必须在基类的析构函数中添加 virtual 语句，使其成为虚函数。因此，一般来说，析构函数会被定义为虚函数。

如何正确进行对象的初始化和赋值

实际上，Sample2 的 Car 类根据使用方法的不同，有时会出现令人困惑的情况。例如，试着考虑以下使用类时的情况。

```
Car car1 = mycar;    ──── 正在初始化对象
...
```

该代码使用 Car 型的 mycar 的值，对 Car 型的 car1 进行初始化。接着请查看如下使用方法。

```
Car car2;
car2 = mycar;    ──── 将其他对象赋值到该对象中
```

在该代码中，将 mycar 的值赋值到 car2 了。进行这样的赋值或者初始化后，mycar 的成员被复制到 car1 和 car2 的各成员中。然而，这个复制动作会导致 mycar 的 pName 和 car1、car2 的 pName 指向相同位置的内存空间，因而并不能做到将各个对象分别处理，如图 15-11 所示。

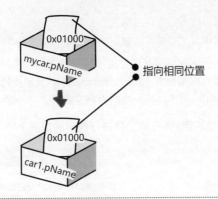

图 15-11 成员的浅复制

对其他对象进行初始化和赋值时，如果对成员进行浅复制，会出现无法正常运行的情况。上述示例中因为复制了 pName，导致对象的成员都指向相同位置的内存空间。

初始化和赋值

在进行初始化和赋值时，二者都在进行对象成员的复制行为，也同样使用 = 符号。但是在 C++ 中，赋值和初始化被区分为不同的功能。在初始化时，是调用复制构造函数，在赋值时，则由赋值运算符进行处理。

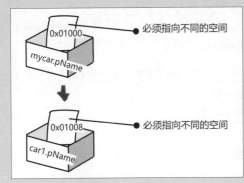

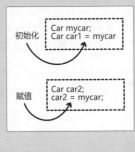

定义复制构造函数

通过其他对象来进行 Car 类对象的初始化和赋值，不是对成员进行单纯的复制动作，而是对各成员所需的内存空间进行分配。

在初始化和赋值中，试着编写能够正确地分配和释放内存空间的代码。

首先，思考一下在需要初始化时应如何应对。为了正确地分配内存空间，可以定义一种特殊的**复制构造函数**（copy constructor）。复制构造函数是在对象被其他对象初始化时被调用的构造函数。其结构如下所示。

 语法　**复制构造函数的定义（在类之外进行声明的情况）**

```
类名称：类名称（const 参照类型 参数）
{
        描述当对象被另一个对象
    …    用值初始化时，必须进行的处理
}
```

实际的复制构造函数示例如下所示。

```
Car:: Car (const Car&c)    复制构造函数
{
    cout << c.pName <<" 进行初始化。\n ";
    pName = new char[strlen (c.pName) +strlen(" 的复制 1")+1];
    strcpy (pName, c.pName);
    strcat (pName, " 复制 1");    为了复制对象而分配内存
    num = c.num;
    gas= c.gas;    在分配的内存空间内保存名称
}
```

在复制构造函数中，需要分配新的空间给被复制的对象，并且存储该区域名称。这样，在进行初始化时，就能正确地分配空间了。

```
              进行初始化时，复制构造函数被调用
Car car1 = mycar;

              为 car1 成员分配的内存空间
```

 # 重载赋值运算符

前文已经学习了初始化时正确分配内存空间的方法。接下来，试着在赋值时正确地分配内存空间。在该情况下，应当重载赋值运算符后再正确地分配空间。其结构如下所示。

重载赋值运算符

> 语法

类名称 & 类名称 :: operator=（const 参考类型 参数）
{
> ← 描述当其他对象的值被代入该对象时必须执行的处理
    ...

}

重载赋值运算符与本章开头所学到的重载运算符使用的是相同的方法。但是，赋值运算符必须作为成员函数才能被重载。

```
Car&Car:: operator= (const Car&c)        ← 重载赋值运算符
{                                          ← 去除已被复制对象自身的赋值
    cout<< "把" << pName <<"代入 "<< c.pName <<"。\n ";
    if (this !=&c){                        ←
        delete[] pName;                    ←
        pName = new char[strlen (c.pName )+
            strlen(" 的复制 2")+1];          被复制的对象将已经分
        strcpy (pName, c.pName)            配的内存空间释放
        strcat (pName, " 的复制 2");        ← 为被复制对象分配内存空间
        num = c.num;
        gas = c.gas;
    }
    return*this;
}
```

在赋值运算符的重载中，因为必须考虑到已经存在的对象，所以比复制构造函数的处理更加复杂。首先调查 this 指针，排除赋值对象自身的情况。然后，销毁被复制对象在构造函数中的已被分配的空间，并分配新的内存空间。也就是说该步骤是在确保进行赋值时分配了正确的内存空间。

```
Car car2;
car2 =mycar;        ← 进行赋值时赋值运算符函数被调用
                    ← 分配内存空间给 car2 成员
```

那么，接下来请编写如下代码，使其更好地在实际中进行初始化和赋值。

Sample3.cpp　复制构造函数和赋值运算符的重载

```cpp
# include < iostream >
# include < cstring >
using namespace std;

// Car 类的声明
class car{
    private:
        int num;
        double gas;
        char * pname;
    public:
        Car (char*pN, int n, double g);
        ~Car ();
        car (const car&c);           // 复制构造函数的声明
        car&operaton= (const car& c);   // 赋值运算符的声明
};

// Car 成员函数的定义
Car::Car(char*pN, int n, double g)
{
    pName = new char[strlen (pN) +1];
    strcpy (pName, pN);
    num =n;
    gas = g;
    cout << " 创建了 " << pName <<"。\n ";    // 在构造函数中动态地分配内存
}
Car:: ~ Car ()
{
    cout << " 销毁了 " << pName <<"。\n ";     // 在析构函数中动态地释放内存
    delete [] pname;
}
Car:: Car (const Car &c)          // 复制构造函数
{
    cout <<" 用 "<<c.pName <<" 初始化。\n ";
    pName = new char[strlen (c.pName) + strlen(" 的副本 1")+1];
    strcpy (pName, c.pName);
```

```
    strcat (pName, " 的副本 1");
    num =c.num;
    gas = c.gas;
}
Car&Car:: operator= (const Car&c)            赋值运算符的重载
{
    cout <<" 把 " <<pName<< " 代入 "<<c.pName << "。\n ";
    if (this != & c){
        delete [] pname;
        pName = new char[strlen (c.pName) +strlen(" 的副本 2"+1];
        strcpy (pName, c.pName);
        strcat (pName, " 的副本 2");
        num = c.num;
        gas = c.gas;
    }
    return* this;
}


int main ()
{
    Car mycar("mycar", 1234,25.5);

    Car car1 = mycar;            正在初始化

    car car2("car2", 0,0);
    car2 =mycar;                 正在赋值

    return  0;
}
```

Sample3 的执行画面

```
创建了 mycar。
用 mycar 初始化。            由复制构造函数输出的结果
创建了 car2。
把 mycar 代入 car2。        由赋值运算符输出的结果
销毁了 mycar 的副本 2。      销毁 car2 时的输出结果
```

销毁了 mycar 的副本 1。 ● —— 销毁 car1 时的输出结果

销毁了 mycar。 ● —— 销毁 mycar 时的输出结果

　　此段代码，在复制构造函数和赋值运算符的定义中，分配了新的内存空间，使各个对象的成员 pName 指向不同的内存空间。

进行初始化和赋值时的注意事项

　　在 C++ 的代码中，会遇到需要进行初始化和赋值的情况。此时，当对象在进行动态地分配内存等时，定义复制构造函数和赋值运算符是很有必要的。在复制构造函数和赋值运算符中，必须先确保被正确地分配了内存空间。

　　另外，当 C++ 中出现以下情况时，也是需要进行初始化和赋值的。例如，在下述代码中，必须思考并探讨是否要对复制构造函数和赋值运算符进行定义。

向函数传递实际参数时

```
Car mycar;
func1 (mycar);
...

// func1 函数的定义
void func1 (car c)
{
    ...
}
```

用实参初始化虚参

当从函数得到返回值时

```
Car mycar;
mycar = func2 ();
...

//func2 函数的定义
Car func2()
{
    Car  c;
    ...
    return c;
}
```

根据返回值进行赋值

```
}
```

不能对成员的浅复制时，可以对复制构造函数和赋值运算符
函数进行定义。

15.4 模板类

了解模板类如何工作

本节将开始学习**模板类**（template class）的相关知识。请回忆在第 7 章中介绍到的，关于创建可以处理各种类型的函数模板的相关知识点。类也一样，**以类的"雏形"为基础，可以创建出能够处理各种类型的类**。这个雏形被称作**类模板**（class template）。类模板的代码结构如下。

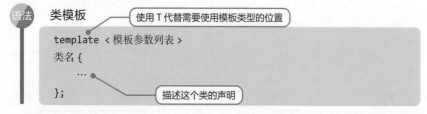

语法 类模板

使用 T 代替需要使用模板类型的位置

```
template < 模板参数列表 >
类名 {
    ...
};
```

描述这个类的声明

该类模板的结构与类的声明很相似。但是，在类模板中，可以不指定类中处理数据的类型名称，而以**模板参数**的形式来描述。

描述类模板可以像下述代码这样给出具体的数据类型名称，以创建处理该数据类型的类和对象。这样的类就是模板类。

语法 从类模板中创建类和对象

```
类名 < 数据类型名 > 标识符 ;
```

使用类模板

试着创建并利用类模板的代码。示例代码如下所示。

Sample4.cpp 使用类模板

```cpp
# include < iostream >
using namespace std;

//Array 类模板
template <class T>
class Array{
    private:
        T data[5];
    public:
        void setData (int num, T d);
        T  getdata (int num);
};
```
类模板

```cpp
template <class T>
void Array<T>:: setData (int num,T  d)
{
    if (num < 0 1 || num >  4)
        cout <<" 超过了排列的范围。\n ";
    else
        data[num]=d;
}
```
类模板成员函数的定义

```cpp
template <class T >
Array<T>::getData (int num)
{
    if(num<0 || num> 4){
        cout<<" 超过了排列的范围。\n ";
        return data [0];
    }
    else
        return data [num];
}
```
类模板成员函数的定义

```cpp
int main ()
{
    cout <<" 创建 int 型的排列。\n ";
```

```
    Array<int> i_array;
    i-array.setData (0,80);
    i_array. setData (1,60);
    i_array. setData (2, 58);
    i_array. setData (3,77);
    i_array. setData (4,57);

    for (int i=0;i < 5;i + +)
        cout << i_array. getdata (i) <<'n';

    cout <<" 创建 double 型的排列。\n ";
    Array<double> d_array;
    d_array.setData (0,35.5);
    d_array.setData (1, 45.6);
    d_array.setData (2,26.8);
    d_array.setData (3, 76.2);
    d_array.setData (4,85.5);

    for (int j=0;j < 5;j + +)
        cout << d_array.getData (j) <<'\n';

    return 0;
}
```

创建处理 int 型的类和对象

创建处理 double 型的类和对象

Sample4 的执行画面

```
创建 int 型的排列。
80
60
58
77
57
创建 double 型的排列。
35.5
45.6
26.8
76.2
85.5
```

关于成员函数的定义稍许有点复杂，编写时需谨慎。类模板的成员函数的定义结构如下所示。

 语法 **类模板的成员函数的定义**

```
template  < 模板参数表 >
返回值的数据类型  类名 < 数据类型名称列表 >:: 函数名（参数列表）
{
    …
}
```

Sample4 的类模板定义了处理 5 个排列要素的类。该类模板创建并利用了处理 int 型和 double 型的类和对象。在这里通过将其指定为 Array（型）来创建类和对象。像这样使用类模板，就可以简单地创建出处理各种类和对象的类型。

使用类模板可以简单地创建不同类型的类和对象。

 # 通过 STL 了解数据结构

C++ 的标准库中有很多类模板和函数模板。因此，这部分被特别称为**标准模板库**（Standard Template Library，STL）。

标准模板库中定义了各种各样的功能。接下来看看被称为**向量**（vector）的功能。向量是能够管理数量不确定的多个数据的结构。请参照如下代码示例。

Sample5.cpp 使用向量

```
# include < iostream >
# include < vector >          在开头插入 vector 语句
using namespace std;

int main ()
{
    int num;
    vector<int > vt;          可以使用向量

    cout <<" 一共输入几个整数数据? \n ";
```

```
    cin >> num;

    for (int i=0;   i < num;i + +){
        int data;
        cout <<" 请输入整数。\n ";
        cin >> data;
        vt.push_back (data);        ●──────  可以添加到向量的末尾

    }
                                           可以看到开头的数据
    cout <" 显示已输入的数据。\n ";    ●
    vector<int>:: iterator it = vt.begin ();
    while (it != vt.end ()){  ●
        cout <<*it;
                                           可以看到末尾的数据
        cout <<"-";
        it + +;
    }
    cout <<"\n";
}
```

Sample5 的执行画面

```
一共输入几个整数数据？
3 ⏎
请输入整数。
1 ⏎
请输入整数。
2 ⏎
请输入整数。
3 ⏎
显示已输入的数据。
1 - 2 - 3 -
```

如下代码可以让用户在输入整型（int 型）的数据后，使用表示向量的 vector 模板类进行管理。

```
                  vector 模板类

vector<int> vt;

...                          int 型
```

```
vt.push_back (data);
```
添加到向量的末尾

在 vector 模板类中，通过成员函数的 push_back() 函数，可以在末尾追加参数数据。另外，成员函数 begin() 具有可以查看最前列数据的功能。相对地，成员函数 end() 具有可以查看末尾数据的功能。具体代码如下所示。

可以得知开头的数据

```
vector<int>:: iterator it = vt.begin ();
while (it != vt.end ()) {
    cout <<*it;
    cout <<"-";
    it + +;
}
```

可以得知末尾的数据

可以访问数据

可以进行下一个数据的处理

在 vector 模板类中有一个被命名为 iterator（迭代器）的语句，该语句是用来遍历容器的类。

使用 iterator 类中已被重载的 * 运算符，就可以得到当前被指定的数据。另外，可以使用 ++ 运算符来指定下一个数据。也就是说，在该代码中进行了"从开头数据到末尾数据为止，将迭代器一个接一个地遍历"的处理。通过这样的处理对数据进行了顺序访问。

使用向量时，请参考表 15-1，其中定义了成员函数的代表性数据操作。

表 15-1 向量的主要操作

返回值	处理的内容	成员函数名称（ T 为数据的类型）
void	push_front(const T& n)	把数据追加到开头
void	push_back(const T& n)	在末尾追加数据
void	pop_front()	从开头取出数据
void	pop_back()	从末尾取出数据
reference	front()	返回对开头数据的引用
reference	back()	返回对末尾数据的引用
iterator	begin()	返回指向开头的 iterator
iterator	end()	返回指向末尾的 iterator
reference	at(size_type i)	返回对第 i 个数据的引用
iterator	insert(iterator it, const T& n)	插入 iterator 指向的数据之前
void	clear()	删除所有的数据
iterator	erase(iterator it)	删除 iterator 指向的数据
bool	empty()	调查数据是否存在
size_type	size()	返回数据数量

向量等用于管理数据的通用结构被称为**数据结构**（data structure）。C++ 中的各种数据结构也被称为**容器**（container）。

标准模板库包含了向量以及其他各种数据结构。通过安插头文件，可以实现各种数据操作。主要的数据结构见表 15-2。

表 15-2　主要数据结构

头文件	种　类	含　义
<list>	列表	可以双向移动的数据结构
<deque>	双端队列	从头到尾可访问的数据结构
<vector>	向量	可以中途访问的虚拟排列结构
<stack>	堆栈	后入先出型的数据结构
<queue>	队列	先入先出型的数据结构
<set>	集合	管理无重复集合的数据结构
<map>	映射	管理数据和搜索键的数据结构

标准模板库中的各种数据结构可以被使用。

了解基于 STL 的算法

作为为了管理数据而存在的通用构造，会存在需要对数据构造进行某些操作的情况。与此同时，也需要存在共通的处理步骤以便适用于各种程序。在各种程序中为了解决问题而使用的处理步骤被称为**算法**（algorithm）。

标准模板库中定义了实现实用性算法的函数模板。通过载入 <algorithm> 头文件可以使用标准模板库的算法。接下来请使用算法编写如下代码。

Sample6.cpp　使用算法

```
# include < iostream >
# include < vector >
# include <algorithm>        载入 <algorithm> 文件
using namespace std;


int main ()
```

Lesson
15

```
{
    vector<int> vt;
    for (int i=0;i<10 ;i++){
        Vt.push_back (i);
    }


    cout <<" 排序前是 ";
    Vector<int>::iterator it =vt.begin ();
    whihe (it !=vt.end ()){
        cout <<*it;
        it++;
    }
    cout <<"。\n ";
    cout <<" 按倒序是 ";          ●────────────  使其倒序排列
    reverse (vt.begin (), vt.end ());
    it = vt.begin ();
    while (it != vt.end ()){
        cout << *it;
        it++;
    }

    cout <<"。\n ";

    cout << " 重新排列后是 ";    ●────────────  重新排列
    sort (vt.begin (), vt.end ());
    it = vt.begin ();
    while (it != vt.end ()){
        cout << *it;
        it++;
    }
    cout<<"。\n ";
}
```

Sample6 的执行画面

排序前是 0123456789。
按倒序是 9876543210。
重新排列后是 0123456789。

上述代码利用了将指定范围内的元素倒序排列的 reverse() 函数，以及用于进行重新排列的 sort() 函数。二者都指定了参数范围的开始位置和结束位置。

除此之外，<algorithm> 头文件还定义了方便的算法。主要算法见表 15-3。

表 15-3　主要算法

返回值	模板函数 (TI 是表示位置的类型，T 是表示值的类型)	含　义
difference_type	count（TI first，TI last.const T&n)	计数
TI	find（TI first，TI last.const T&n)	检索
void	reverse（TI first，TI last)	颠倒顺序
void	replace（TI first，TI last，const T&n1，const T&n2)	置换
TI	remove（TI first.TI last，const T&n)	除去
TI3	merge（Tl1 first1，TI1 last1，Tl2 first1.TI2 last2.TI3 i)	连接
void	sort（TI first.TI last)	排序
TI1	search（TI1 first1.TI1 last1.TI2 first2.TI2 last2)	探索

重要

标准模板库中的各种算法可以被使用。

数据结构和算法

通过标准模板，可以使用各种方便的数据结构和算法。常用的代表性的数据结构和算法，在系列书《极简 C 算法篇》中有详细介绍，如有需要，请参照其详细内容。

除此之外，在标准模板库中还存在各种功能。表 15-4 仅列举了一些代表性的功能。

表 15-4　代表性的头文件及其含义

头文件	含　义
<string>	字符串操作
<utility>	实用
<memory>	内存
<random>	随机数
<chrono>	时间
<regex>	正则表达式

15.5　异常处理

了解异常处理如何工作

本节将学习 C++ 中的**异常处理**（exception handling）功能。异常处理是处理程序执行时发生错误的功能。其结构如下所示。

语法　**异常处理**

```
try{
    检测出异常的处理
    throw 异常 ;         ● ─── 抛出异常信息

}
catch( 类型 ){
    异常时的处理 ; ●      ─── 如果被抛出的异常类型和该
                              类型一致, 则进行程序块内的处理
}
```

试着描述实际的异常处理。请参照如下代码。

Sample7.cpp　进行异常处理

```cpp
# include <iostream>
using namespace std;

int main()
{
    int num;
    cout <<" 请输入 1~9 的数字。\n";
    cin >> num;
```

```
    try{
        if(num <= 0)
        throw" 输入了 0 以下。";
    if (num >= 10)
        throw" 输入了 10 以上。";

        cout << num << "。\n ";
    }

        catch(char*err) {
        cout <<" 错误信息："<< err <<'\n';
        return 1;
    }
    return 0;
}
```

抛出异常(在这里是字符串)

进行异常处理

为了进行异常处理，该代码用 **try 块**来预先包裹住检测错误的处理。当发生错误时在该块中**抛出特定值作为**"异常"（exception）的处理。抛出异常时使用关键字 throw。通常在 try 块之后，会有 **catch 块**的描述。异常被抛出之后，由 catch 块捕获异常并进行处理。该代码可以将错误处理汇总在 catch 块中进行记述。

执行 Sample7，如果在关键字中输入负数，则会输出如下信息。

Sample7 的执行画面

请输入 1~9 的数字。

-1 ⏎ ● ——— 输入了错误的数据

错误信息：输入了 0 以下。●

————— 抛出异常，并进行异常处理

此时，catch 块内的处理正在进行，如图 15-12 所示。

重要

使用 throw 语句抛出异常。

454

```
int main()
{
  try{
    if(num <= 0)
      throw "输入30以下";
    cout << num << "。\n";
  }
  . . .

  catch(char* err){
    cout << "错误:" << err << '\n';
    return 1;
  }
  return 0;
}
```

图 15-12 **异常处理**

　　从 try 块中抛出的异常，可以由 catch 块捕获并处理。

异常处理的高级功能

　　异常处理除了前文提到的功能以外，还有其他高级功能。

　　首先，异常处理可以抛出多个以各种类型的值作为异常的提示，并且根据抛出的值，进行更加细致的处理。在这种情况下，将由多个 catch 块来捕获多个类型的错误提示。其代码如下所示。

```
try{
    throw 异常 1;          ———  抛出异常 1
    ...
    throw 异常 2;          ———  抛出异常 2
}

catch（异常 1 的类型）{      ———  异常 1 的处理在此处被执行
    异常 1 被抛出时的处理
}

catch（异常 2 的类型）{      ———  异常 2 的处理在此处被执行
    异常 2 被抛出时的处理
}
```

　　另外，从 try 块内被调用的函数也可以抛出异常。在运行大规模程序时，设计函数和类的负责人，只需负责编写抛出异常时的提示信息。然后，由使用这些函数和类的人，负责编写在遇到抛出异常提示时，应对错误信息的处理方法。利用该结构，便可灵活地处理错误提示。具体代码如下所示。

```
// func 函数的定义
func (){
    ...
    throw 异常 ;        ●————  在定义函数时，只需抛出异常提示
}

// func 函数的利用
...
try{
    func ();
}
catch（型）{        ●————  使用函数的人编写错误提示时的处理方法
    异常处理
}
```

重要　程序执行时发生的错误提示信息，可以描述为异常。

15.6 章节总结

通过本章，读者学习了以下内容。

- 运算符重载之后，可以使其作用于对象。
- 需要转换成基本型的类型，需定义其转换函数和转换构造函数。
- 析构函数在销毁对象时被调用。
- 复制构造函数在对象被其他对象的值初始化时被调用。
- 如果成员的浅复制进行困难，则按需对其析构函数、复制构造函数和赋值运算符进行重载。
- 从类模板中可以创建处理各种类型的类。
- 可以利用标准模板库。
- 可以根据被抛出的异常的类型，进行具体的异常处理。

本章学习了关于类的各种内容，也包含了较高级的功能，希望读者能够逐个耐心学习并掌握相关知识点。

练习

1. 请选择○或 × 来判断以下题目。

①运算符可以定义为成员函数或友元函数。

②并不是所有的运算符都可以重载。

③一元运算符可以通过重载成为二元运算符。

2. 请选择○或 × 来判断以下题目。

①在类声明内，可以记述多个析构函数。

②析构函数不具有返回值和参数。

③当将其他对象的值代入对象时，会调用复制构造函数。

3. 请将 15.1 节的 Point 类的代码编写重载为如下运算符的代码。

－运算符

－－运算符

4. 请使用类，编写使用第 3 题中的两个运算符的代码。

## 第 16 章

文件和流

目前为止学习过的程序中，出现了系统将处理的结果显示到屏幕，并接受从键盘输入的内容。作为本书的最后一章，将再来详细介绍一下与屏幕、键盘等输入 / 输出相关的功能。在 C++ 中，处理文件时，该知识点也可以起到帮助。通过学习本章，请读者编写出更加实用的程序。

Check Point

- 流
- 插入运算符
- 提取运算符
- 操控器
- 格式标识符（flag）
- 文件的读取和写入
- 命令行参数

16.1 流

了解流如何工作

已知之前创建的程序都利用了屏幕显示文字和数值，或者利用键盘输入数据的处理。输入 / 输出是指对屏幕、键盘以及文件进行的一系列操作。这些设备乍一看是各不相同的部件，但是在 C++ 中是可以用统一的方法来处理这些设备的输入 / 输出。这个包含输入 / 输出功能的概念被称作流 (stream)，如图 16–1 所示。

图 16-1 **流**
　　输入 / 输出是使用流的概念进行的。

流是为了以同样的方式处理各种不同设置的抽象构造。本章将介绍如何编写出各种各样的输入 / 输出的程序。

C++ 中的流功能是作为 istream 类和 ostream 类，在标准库 <iostream> 等中提供应用。

目前为止在代码中出现的输入 / 输出时使用的 cin 和 cout 是以下类的对象。

■ cin：stream 类的对象。
■ cout：ostream 类的对象。

用户可以通过这些类和已创建完成的对象，来利用流实现输入 / 输出的功能。

利用流进行输入 / 输出

那么，首先复习一下使用 cin 和 cout 的代码。

与前文中创建的代码一样，只需使用 cin 和 >> 符号，就可以将来自键盘的输入变量等传递至程序中。这是因为在 istream 类中 >> 运算符被重载为了具有插入功能的函数。

重载运算符的相关知识已经在第 15 章中进行了学习。在 istream 类中，进行了对 >> 运算符的重载。被重载为输入功能的 >> 运算符被称为**提取运算符** (extraction operator)。

另外，<< 运算符在 ostream 类中，被重载为具有标准输出文字、数值功能的运算符。<< 运算符被称为**插入运算符** (insertion operator)。请看如下示例。

Sample1.cpp 使用 >> 运算符

```cpp
# include < iostream >
using namespace std;

int main ()
{
    int i;
    double d;
    char str[100];

    cout<<" 请输入整数值。\n ";          各种类型的输入 / 输出
    cin>>i ;
    cout <<" 请输入小数值。\n ";
    cin>>d;
    cout<<" 请输入字符串。\n ";
    cin >> str;

    cout <<" 输入的整数值是 "<<i<<"。\n ";
    cout <<" 输入的小数值是 "<< d <<"。\n ";
    cout <<" 输入的字符串是 "<< str <<"。\n ";

    return 0;
}
```

Sample1 的执行画面（一）

```
请输入整数值。
5 ⏎
请输入小数值。
2.6 ⏎
请输入字符串。
Hello ⏎
输入的整数值是 5。
输入的小数值是 2.6。
输入的字符串是 Hello。
```

<< 运算符和 >> 运算符已被重载，具有在不限定数据类型情况下进行处理的功能。

重载插入运算符

那么是否可以使用 << 运算符和 >> 运算符，对所定义的新类型的类进行输入 / 输出呢？这个时候便可使用在第 15 章学过的方法，将 << 运算符和 >> 运算符重载为新的用法即可。例如，将第 13 章的 Car 类对象输出的 << 运算符，重载为如下的友元函数。

```
# include <iostream >
...
class Car{
    ...
    friend ostream& operator<< (ostream& out, Car& c);
};
...
ostream& operator<< (ostream& out, Car& c)        ┌─ 重载 << 运算符
{
    cout <<" 车牌号 "<< num <<": "<<" 汽油量 "<< gas;
    return out;
}                                          ┌── 左操作数    ┌── 左操作数
...    └── 运算结果
```

如此，重载 << 运算符后可以直接输出 Car 类的对象。

```
//Car 类的利用
int main()
{
    Car mycar (1234, 25.5);
    cout << mycar;
}
```

对于 Car 类的对象可以使用 << 运算符

该代码的显示结果如下所示。

号码 1234: 汽油量 25.5

在此需要注意的是，如果不重载 << 运算符，则不能对 Car 类的对象使用 << 运算符。

另外 << 运算符具有左结合的性质，并且以 ostream 类的引用作为返回值。同时左侧操作数是 ostream 类的对象，所以不能作为 Car 类的成员函数。

进行单个字符的输入 / 输出

在 Sample1 的执行过程中，请试着输入含有空格的字符串。这样一来，就可以知道空格以后的字符有没有被读取。其执行结果如下所示。

Sample1 的执行画面（二）

请输入整数值。
5 ⏎
请输入小数值。
2.6 ⏎
请输入字符串。
This is a pen. ⏎　　　尝试输入空格
输入的整数值是 5。
输入的小数值是 2.6。
输入的字符串是 This。　　　空格之后的内容没有被读取

<< 运算符不可读取空格，因此需要使用 istream 类的 get() 成员函数。该成员函数具有读取包含单个字符空格的功能。另外，在 ostream 类中还有一个可以写入单个字符功能的 put() 成员函数。现在尝试把两个函数在代码中体现出来。具体示例如下。

Sample2.cpp 使用支持单个字符读取和写入的函数

```
# include < iostream >
using namespace std;

int main ()
{
    char ch;
    cout <<" 输入的整数值是 "<<i<<"。\n ";

    cout <<" 请继续输入文字。\n ";

    while (cin.get (ch)){
        cout.put (ch);
    }

    return 0;
}
```

逐字地读取

逐字地写入

Sample2 的执行画面

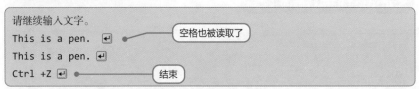

```
请继续输入文字。
This is a pen.  ⏎
This is a pen.  ⏎
Ctrl +Z ⏎
```

空格也被读取了

结束

可见此次代码中的空格被读取了。该程序在 Windows(命令提示符) 中可以用 Ctrl +Z 组合键结束运行。在 UNIX 系统中则使用 Ctrl +D 组合键结束运行。

 语法　一个字符文字的读取和写入

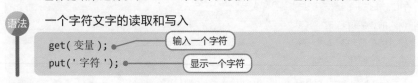

```
get( 变量 );
put(' 字符 ');
```

输入一个字符

显示一个字符

设定输出域宽

除此之外，对 istream 类和 ostream 类的成员函数也定义了各种与输入 / 输出相关的功能。在此列举几个示例。

首先请尝试使用 ostream 类的 width() 成员函数来编写代码，width() 函数具有可以设定输出域宽的功能。

 语法　设定输出域宽

```
width( 输出域宽 );
```

Sample3.cpp　使用 width() 函数

```cpp
# include <iostrean>
using namespace std;

int main()
{
    for (int i=0;i <0 = 10;i + +){
        cout.width (3);
        cout << i;
    }
    cout <<'\n';

    return 0;
}
```

设定域宽为 3

Sample3 的执行画面

1 2 3 4 5 6 7 8 9 10

结果显示域宽为 3

上述代码输出了从 1 到 10 的数值，并以 3 个字符域宽进行了显示，如图 16-2 所示。

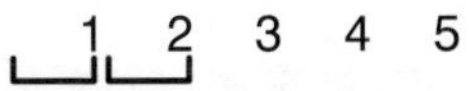

1 2 3 4 5

图 16-2　设定输出域宽

使用 width() 函数可以设定输出时的域宽。

输出字符串的域宽大于设定域宽的情况

输出字符串的域宽大于设定域宽的原因是，域宽合并了所需输出的字符串或数值的字符数。

设定 fill 字符

当使用 width() 函数设定输出域宽时，如果域宽不够，可以通过插入空格进行填补。此时，可以设定 fill() 函数来使用空格填充字符。其结构如下所示。

 语法 设定 fill 字符

```
fill(' 字符 ')
```

尝试输入以下代码。

Sample4.cpp 使用 fill() 函数

```cpp
# include < iostream >
using namespace std;

int main ()
{
    for (int i=0;i < = 10;i++) {
        cout.width (3);          设定域宽为 3
        cout.fill ('-');
        cout << i;               填充 fill 字符为 -
    }
    cout << '\n';

    return 0;
}
```

Sample4 的执行画面

```
--1--2--3--4--5--6--7--8--9-10          根据输出域宽来填充 -
```

上述代码是对 Sample3 的内容使用 fill() 函数转化而成的，如图 16-3 所示。根据已设定的输出域宽填充了字符 –。另外，还可以尝试把 – 设定为其他可用字符。

$$--1--2--3--4--5$$

图 16-3 **fill 字符的设定**

使用 fill() 函数，可以对 fill 字符进行设定。

设定数值的精确度

在输出浮点数时，可以通过 precision() 函数设定有效位数 (精确度)。其结构如下所示。。

 精确度的设定

```
precision( 精确度设定 )
```

Sample5.cpp 使用 precision() 函数

```cpp
# include < iostream >
using namespace std;

int main ()
{
    double pi = 3.141592;
    int num;

    cout <<" 显示圆周率。\n ";
    cout <<" 显示几位有效位数?(1~7)\n";
    cin >> num;

    cout.precision (num);          设定输出时的有效位数

    cout <<" 圆周率是 "<< pi<<"。\n ";

    return 0;
}
```

Sample5 的执行画面

```
显示圆周率。
显示几位有效位数 (1~7)？
3 ⏎
圆周率是 3.14。          显示了设定完成的有效位数
```

在该代码中，3.141592 被赋值于表示圆周率的 pi。随后，在用户输入了有效

467

位数后，可以使代码按照设定完成的精确度来显示圆周率，如图 16–4 所示。

$$3.141592$$

图 16–4 精确度设定

使用 precision() 函数，可以设定精确度。

格式设定的范围

在这里，介绍了使用 ostream 类的成员函数来进行的格式设定。
该格式设定只针对最初进行的输出有效。第二次以后的输出如果
想要继续保持设定格式，需要再次调用该成员函数。在 16.2 节中将会介绍利用
操控器设定格式的方法。使用操控器则不需要进行重复多次的格式设定。

设定格式控制符

除此之外，还可以使用**格式控制符**来进行各种格式设定。参考如下示例，试
着编写使显示位置对齐的代码。

Sample6.cpp 设定格式控制符

```cpp
# include < iostream >
using namespace std;

int main ()
{
    cout.setf (ios:: left, ios:: adjustfield);    // 显示为左对齐
    for (int i=0 1<=5;i++) {
        cout.width (5);
        cout.fill ('-');
        cout <<i;
}
cout<<'\n';
cout.unsetf (ios:: left);                          // 解除左对齐
cout.setf (ios:: right, ios:: adjustfield);        // 显示为右对齐
for (int j=0;j = 5;j + +){
        cout.width (5);
```

```
    cout.fill ('-');
    cout << j;
  }
  cout <<'\n';

  return 0;
}
```

Sample6 的执行画面

```
0----1 ---- 2 ---- 3----4----5----
----0----1----2----3----4----5
```

显示为左对齐

显示为右对齐

　　格式控制符可以通过调用 setf() 成员函数来设置。"ios::..." 为格式控制符的设定关键字。例如，"ios::left" 是表示在输出域宽内进行左对齐的格式设置。

　　另外，当调用 unsetf() 成员函数时，会解除已经存在的设定格式。在该代码中，进一步设置 "ios:: right"，即可表示输出右对齐结果。设置和解除格式控制符的结构如下所示。

 设置格式控制符

　　setf(格式控制符)

 解除格式控制符

　　unsetf(格式控制符)

格式控制符及其功能的介绍见表 16-1。

表 16-1　格式控制符及其功能

格式控制符	功　能
ios::adjustfield	设定输出位置
ios::basefield	设定基数
ios::floatfield	设定小数的记法
ios::skipws	跳过空格字符
ios::left	在指定的域宽内左对齐
ios::right	在指定的域宽内右对齐
ios::internal	将符号左对齐，将数值右对齐
ios::dec	转化成十进制

格式控制符	功　能
ios::oct	转化成八进制
ios::hex	转化成十六进制
ios::showbase	八进制前加上 0, 十六进制前加上 0x
ios::showpoint	末尾加 0
ios::showpos	加符号（显示 +)
ios::scientific	作为科学计数法（使用 e)
ios::fixed	作为固定小数点形式
ios::uppercase	将英文字母写成大写

16.2 操控器

在 16.1 节中，已经学习了使用 stream 类成员函数进行设定格式的方法。而在标准库中，对设定输入 / 输出的格式的特别函数也进行了定义。这种特殊的函数被称为**操控器** (manipulator)。本节将对常用的操控器进行介绍。

输出换行

endl 是进行换行的操控器。该操控器可以代替转义序列使用的 '\n'。其结构如下所示。

语法 | 换行的输出

```
endl
```

那么，接下来请尝试使用 endl 来代替 '\n'。

Sample7.cpp　使用 endl

```cpp
# include < iostream >
using namespace std;

int main()
{
    cout <<" 你好 !"<< endl;          这里换行
    cout <<" 再见 !"<< endl;

    return 0;
}
```

Sample7 的执行画面

你好！ —— 显示出了换行
再见！

从结果得知，使用 endl 进行描述的结果和 '\n' 的功能相同，都显示了换行效果。

输出十进制以外的数值

使用操控器可以显示非十进制的数值。请参考表 16-2。

表 16-2　变更基数的操控器

操控器	内　容
dec	将格式设为十进制
oct	将格式设为八进制
hex	将格式设为十六进制

下面的代码使用了操控器显示十进制以外的数值。

Sample8.cpp　用各种标记法显示

```
# include < idstream >
using namespace std;

int main ()                         以各种标记法输出所需内容
{
    cout <<" 将 10 用十进制来表示就是 "<< dec << 10 <<"。\n ";
    cout <<" 将 10 用八进制来表示就是 "<< oct << 10 <<"。\n ";
    cout <<" 将 12 用八进制来表示就是 "<< 12 <<"。\n ";
    cout <<" 将 10 用十六进制来表示就是 "<< hex << 10 <<"。\n ";

                                     如果没有设定，最后
    return 0;                        设定的格式将会生效
}
```

Sample8 的执行画面

将 10 用十进制来表示就是 10。
将 10 用八进制来表示就是 12。　　　可以显示十进制以外的标记法
将 12 用八进制来表示就是 14。
将 10 用十六进制来表示就是 a。

操控器 dec 的作用是使代码显示出十进制的数值；oct 的作用是使代码显示出八进制的数值；hex 的作用是使代码显示出十六进制的数值。另外，一旦设定了操控器，该指令会一直使用到变更此设置为止。因此，第三行的显示是八进制的数值。

设定输出域宽

使用操控器可以进行与 16.1 节的成员函数同样的格式设定。这里使用了一个叫作 setw() 的操控器来设定输出域宽。但是，该操控器需要配合插入 <iomanip> 才可以使用。

Sample9.cpp　用各种标记法显示

```cpp
# include < iostream >
# include <iomanip>            ← 插入 <iomanip>
using namespace std;

int main ()
{
    for int i=0;i < 10;i++) {
    cout << setw (3) << i;
    }
    cout <<'\n';               ← 设定输出域宽为 3

    return 0;
}
```

Sample9 的执行画面

显示了 3 个字符的宽度

```
  1   2   3   4   5   6   7   8   9  10
```

使用 setw() 操控器，可以进行与 width() 成员函数相同功能的格式设定。

成员函数和操控器

除 setw() 操控器外，调用输出 / 输入类的成员函数进行设定的功能，通过以下操控器也可以达到。操控器具有在不被变更的情况下，对已设定完成的格式持续作用的功能，十分方便。但是，请不要忘记插入 <iomanip>。

- fill 文字的设定：setfill(文字)。
- 精确度的设定：setprecision(整数值)。

16.3 文件输入 / 输出的基础知识

了解文件输入 / 输出如何工作

如前所述，在 C++ 中可以使用流的概念来对屏幕和键盘进行输入 / 输出。在 C++ 中对文件的输入 / 输出 (数据的读写) 也可以理解为对流进行输入 / 输出的处理。对文件进行写入的过程叫作 "输出"，对文件进行读取的过程叫作 "输入"。在本节中，将学习基于文件的输入 / 输出操作的基本知识点。

首先，请参照下述处理文件时的基本步骤，在代码上按顺序进行文件处理。

文件的 "打开" 和 "关闭" 是指在开始操作之前，将用于输入 / 输出的流的概念当作实际的文件来理解。操作结束即视为对文件的关闭。相当于在使用文件时，首先需要将其打开，使用完毕后再关闭的这一系列流程，如图 16-5 所示。

❶打开　　　　　　　❷读取　　　　　　❸关闭

图 16-5 **文件操作的基本**

文件操作按 ❶、❷、❸ 的顺序进行。

在 C++ 的标准库中提供如下为读写文件而使用的类。

■ 从 ostream 类派生出来的 ofstream 类：写入文件。
■ 从 istream 类派生出来的 ifstream 类：读取文件。

使用 ofstream 类或 ifstream 类时，需要插入标准库的 <fstream> 语句。那么，接下来就着手编写处理文件的代码。涉及处理文件程序的执行方法部分，请参考本书前言部分。

Sample10.cpp 文件的基本操作

```cpp
# include <fstream>          插入 <fstream> 语句
# include <iostream>
using namespace std;

int main()
{                            打开文件        当不能被打开时，
                                             进行错误处理
    ofstream fout("test0 .txt");
    if (!fout){
        cout <<" 打不开文件。\n ";
        return 1;
    }
    else
        cout <<" 打开了文件。\n ";

    fout.close ();              关闭文件
    cout <<" 关闭了文件。\n ";

    return 0;
}
```

Sample10 的执行画面

```
打开了文件。
关闭了文件。
```

在该代码中，从 ofstream 类中创建一个名为 fout 的对象。一旦创建了 ofstream 类的对象，文件就会被自动打开。如果因不能打开文件而发生错误时，

fout 会将此情况判断为 false，届时可使用 if 语句来对错误进行描述。在该代码的最后，调用了 close() 函数来关闭文件。

了解流的状态

为了知道流的状态，上述代码中添加描述了 !fout 条件。除此之外，还可以使用所属输入 / 输出相关基类的 ios 类成员函数。具体成员函数及其功能见表 16-3。

表 16-3　ios 类成员函数

成员函数	功　能
eof()	是否到达终点
fail()	是否发生错误
bad()	是否发生错误
good()	stream 是否正常
rdstate()	调查错误的值

例如，可以描述成如下形式。

```
!fout
```

条件为：

```
fout.fail()
```

在本章的 Sample15 中，还调用了 eof() 函数来检查文件是否执行到达代码最末端。

输出至文件

接下来，将如下代码添加到 Sample10 中，来看看实际会发生什么。

Sample11.cpp　输出至文件

```
# include < fstream >
# include < iostream >
using namespace std;
```

```
int main ()
{
    ofstream fout("test1.txt");
    if (!fout){
        cout <<" 打不开文件。\n ";
        return 1;
    }
    else
        cout <<" 打开了文件。\n ";

    fout <<"Hello!\n ";
    fout <<"Goodbye!\n ";                     ─┐    将数据写入（输出）文件
    cout <<" 写入了文件。\n ";                  ─┘

    fout.close ();
    cout <<" 关闭了文件。\n ";
    return 0;
}
```

Sample11 的执行画面

```
创建了文件。
写入了文件。
关闭了文件。
```

该代码添加了向文件写入数据的处理，这也被称为向文件的输出。

使用 << 运算符将字符串传递到与打开的文件相关联的 fout 中的方法与对 cout 输出的方法几乎相同。

运行程序后打开 test1.txt。如需按照本书开头内容的顺序操作，请参考前言中的"注意第 16 章"中的内容。请查看代码被执行后是否在文件中被写入了如下数据。

test1.txt

```
Hello!
GoodBye!
```

设定格式并输出文件

比起上述代码，这次尝试增加一些需要处理的数据。请从键盘输入学生的考试成绩并输出文件。具体代码如下所示。

Sample12.cpp 输出至文件

```
# include < fstream >
# include < iostream >
# include < iomanip >
using namespace std;

int main ()
{
    ofstream fout("test2.txt");
    if (!fout){
        cout <<" 打不开文件。\n ";
        return 1;
    }

    const int num = 5;
    int test[num];
    cout << " 请输入 "<< num << " 名人员的分数。\n ";
    for (int i=0;i<num;i + +){
        cin>>test[i];
    }

    for (int j=0;j < num;j + +){
        fout <<"No."<< j+1 << setw (5) << test[j]<<'\n';
    }

    fout.close ();

    return 0;
}
```

通过键盘输入数据

在文件中写入
（输出）数据

可以设置和显示到屏幕上的内容一样的格式

Sample12 的执行画面

```
请输入 5 名人员的分数。
80 ↵
60 ↵
22 ↵
55 ↵
30 ↵
```

　　如上述代码可见，输出时使用了 setw() 操控器。在 16.1 节和 16.2 节学到的各种格式设定，同样也可以用于文件的输入和输出，与如何设定显示域宽时的情况相同。执行完代码后，会生成名为 test2.txt 的文件，考试成绩会以设定的域宽写入文件。结果如下所示。

test2.txt

```
No.1    80
No.2    60
No.3    22
No.4    55
No.5    30
```

从文件输入

　　接下来，试着描述从文件读取数据的代码。首先，请将 Sample11 创建的文件 (test1.txt) 放入执行文件创建的文件夹中，并将该内容显示到屏幕上。

Sample13.cpp　从文件输入

```cpp
# include < fstream >
# include < iostream >
using namespace std;

int main ()
{                          打开文件（创建 ifstream 类的对象）
    ifstream fin("test1.txt");
    if (!fin) {
```

```
        cout <<" 打不开文件。\n ";
        return  1;
    }

    char str1[16];
    char str2[16];                    正在从文件读取（输入）数据
    fin >> str1 >> str2;
    cout <<" 写入文件的两个字符串：\n";
    cout << str1 <<"\n";
    cout << str2 <<"\n";

    fin.close ();

    return 0;
}
```

Lesson
16

Sample13 的执行画面

写入文件的两个字符串：
Hel1o!
Goodbye!

从文件中读取数据时，可以通过创建一个输入用流类的对象来达到打开文件的目的。在 Sample13 中，就是通过从 ifstream 类中创建了名为 fin 的对象来打开文件。

从打开的文件中读取数据，与从键盘输入数据的方法一样，可以使用 >> 运算符。该代码能够使用 cout 将读入的数据显示到屏幕上，如图 16-6 所示。

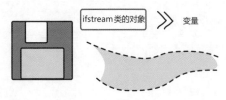

图 16-6 **文件读取数据**

使用 >> 运算符可以读取来自文件的数据。

读取大量数据

能够对文件进行处理的程序是非常方便的。例如，在处理第 9 章考试成绩的代码中，需要从键盘上一个一个地输入很多名学生的分数。如果事先把考试的数据处理成可读取文件，就可以集中读取大量的数据，编写更加灵活的代码。

那么，接下来试试如何完成这一步骤。首先，请用文本编辑器制作如下文件 (test3.txt)，并保存在创建执行文件的文件夹中。

test3.txt

```
80
68
22
33          已准备好的数据
56
78
33
56
```

上述为 8 名学生考试分数的数据。试着读取这些数据，并记录对成绩进行处理的代码。

Sample14.cpp　从文件输入

```cpp
# include < fstream >
# include < iostream >
# include < iomanip >
using namespace std;

int main ()
{
    ifstream fin("test3.txt");
    if (!fin) {
        cout <<" 打不开文件。\n ";
        return 1;
}
```

```
    const int num = 8;
    int test [num];
    for (int 1=0;i<num;i + +){          从文件中读取数据
        fin>> test[i];
    }
    int max = test[0]                   调查最高分和最低分
    int min = test[0];
    for (int j=0;j < num;j + +){
        if (max < test[j])
            max = test[j];
        if (min > test[j])
            min = test[j];
        cout <<"No."< j+1 << setw (5) << test[j]<<'\n';
    }

    cout <<" 最高分是 "<< max<<"。\n ";
    cout <<" 最低分是 "<< min<<"。\n ";

    fine .close ();

    return 0;
}
```

Sample14 的执行画面

```
No.1 80
No.2 68
No.3 22
No.4 33
No.5 56
No.6 78
No.7 33
No.8 56
最高分是 80。
最低分是 22。
```

　　该代码可以从已保存的文件中读取数据后，进行成绩管理，显示出最高分和最低分。

　　此处只准备了 8 名学生的数据，按照此方式处理文件，可以预先准备好大量的数据使读取工作变得非常轻松。

二进制文件和文本文件

　　文件的种类分为文本文件和二进制文件两种。本章处理的文件对象为文本文件。文本文件的优点是用文本编辑器便可以进行阅览，也可以像本章的前半部分所述，进行格式的设定。

　　与此相对，二进制文件是保存成计算机内部用于处理数据形式的文件。二进制文件可能会使文件体积更小、更加紧凑。例如，"1234567"等的 int 型的数据，文件内容自然是按照 int 型的体积被保存的（如 4 个字节）。如果该数据保存为文本文件格式，那么它就是 7 个字节。综上所述，二进制文件体积会更小。再者，由于二进制文件的数据格式不需要转换为文字，所以比文本文件可以更加缩短输入或输出的处理时间。

　　另外，输入 / 输出类还提供了可以从文件起始部分以外的位置进行读写的功能。这样访问文件的方法叫作随机访问。通过随机访问，可以达到只读写指定部分数据的目的。

16.4 从命令行输入指令

 使用命令行参数

在此前的代码中，读写的文件名都是被预先指定好的，如 "test ● .txt"。但是在执行程序的同时，如果用户能够指定要读写的文件名，会更加方便。

C++ 中存在一种可以在程序执行时，获取用户指定字符串的构造，该功能被称作**命令行参数** (command line argument)。命令行参数以下述 main() 函数的参数形式达到获取字符串的目的。

语法 **命令行参数**

```
int main (int argc, char*argv[])
{
    ...
}
```

获取输入的字符串
获取输入字符串的数量

执行该代码后，在第 1 个参数 argc 中，会存储用户输入字符串的个数。在第 2 个参数排列 argv[] 中，会存储指向用户输入的字符串的指针。

例如，当用户按下述方式输入数据并运行程序时，在 argc 和 argv[] 中将会存储如下值，如图 16-7 所示。

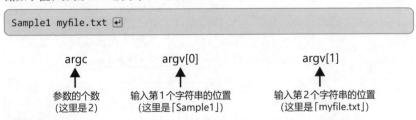

```
Sample1 myfile.txt ⏎
```

argc	argv[0]	argv[1]
↑	↑	↑
参数的个数 （这里是 2）	输入第 1 个字符串的位置 （这里是「Sample1」）	输入第 2 个字符串的位置 （这里是「myfile.txt」）

图 16-7 argc

执行程序时，第一步输入的是程序名。之后用空格来分隔，并接着输入第 2 个、第 3 个字符串数据，然后将这些数据作为参数传递给 main() 函数。这些字符串是使用"char*argv[]"字符串指针数组来完成处理的。

接下来试着编写以下代码。请准备已存储好的文本 myfile.txt。

myfile.txt

```
A long time ago,
There was a little girl。
```

在执行该样本时，请参照本书前言内容，编译后使用命令提示符设定文件名并执行。

Sample15.cpp   使用命令行参数

```cpp
# include < fstream >
# include < iostream >
using namespace std;

int main (int argc, char* argv[])
{
    if (argc != 2){                     // 调查输入字符串的数量
        cout <<" 参数的数目不同。\n ";
        return 1;
}

    ifstream fin (argv[1]);             // 设定输入的第 2 个字符串（文件名）并打开文件
    if (!fin) {
        cout <<" 没能打开文件。\n ";
        return 1;
    }

    char ch;
    fine .get (ch);                     // 从文件中读取单个字符

    while (!fin.eof ()){                 // 持续重复运作直到文件结束
        cout.put (ch);                  // 在屏幕上输出单个字符
```

```
    fine .get (ch);
}

fine .close ();

return  0;
}
```

读取后续的字符

Sample15 的执行方法

```
Sample15 myfile.txt ↵
```

Sample15 的执行画面

```
A long time ago,
There was a little girl.
```

这里在运行程序时，将用于读写的文件名接连输入到程序名中。

该程序首先调查参数 argc，在此确认是否输入了正确数量的参数 (字符串)。因为此处应当输入 2 个参数，所以应参照下述形式编写代码。

检查 argc 的值

```
if (argc != 2) {
    cout <<" 参数的数目不同。\n ";
    return 1;
}
```

如果参数的数量不一样，程序就会结束

然后使用参数 argv[1](指向表示文件名字符串的指针)，用与此前相同的方式打开文件。

```
ifstream fin (argv[1]);
```

argv[1] 是已设定的文件名

因此，即使读入的文件名不是 "myfile.txt"，也不用重新编写程序，只需指定其他的文件名即可。

通过上述方式使用命令行参数，可以创建出让用户在执行的同时获取信息的程序。如此便可编写出对指定文件内容进行逐个字符读取的程序。

另外，此次与以往不同，由于不知道文件中的内容，所以使用 eof() 函数读取了文件从头到尾的数据，并且为了读取空格字符，使用了 istream 类的 get() 函数。

此外还使用了 ostream 类的 put() 函数来显示数据，如图 16-8 所示。

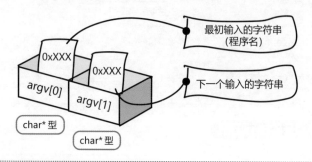

最初输入的字符串
（程序名）

下一个输入的字符串

argv[0]

argv[1]

char* 型

char* 型

图 16-8 命令行参数

对 main() 函数可以指定命令行参数。

可以从命令行传递参数。

16.5　章节总结

通过本章，读者学习了以下内容。

- 为了使用输入 / 输出功能，可以利用标准库 <iostream>。
- 使用 ostream 类的成员函数，可以进行格式设置。
- 使用操控器，可以进行格式设定。
- 在进行文件的输入 / 输出时，可以利用标准库 <fstream>。
- 利用命令行参数，可以将字符串传递给程序。

在本章中，读者学习了关于输入 / 输出的功能，以及如何进行屏幕和键盘的输入 / 输出，以及文件的读写。充分利用文件，就能编写出更加富于变化的程序。请进行各种各样的尝试，熟悉并掌握本章内容。

练习

1. 请编写可以输出如下执行结果的代码。

```
--1--2--3--4--5
--6--7--8--9-10
-11-12-13-14-15
-16-17-18-19-20
-21-22-23-24-25
-26-27-28-29-30
```

2. 将 Sample14 的代码指定文件名并执行。

```
Sample14 test3.txt ⏎
```